高职高专建筑装饰工程技术专业规划教材

建筑艺术造型设计

王子夺 ○ 编 著

中国建材工业出版社

图书在版编目(CIP)数据

建筑艺术造型设计 ／ 王子夺编著. -- 北京 ： 中国
建材工业出版社，2013.8
高职高专建筑装饰工程技术专业规划教材
ISBN 978-7-5160-0499-9

Ⅰ．①建… Ⅱ．①王… Ⅲ．①建筑设计－造型设计－
高等职业教育－教材 Ⅳ．①TU2

中国版本图书馆CIP数据核字(2013)第151253号

内 容 简 介

　　本书针对建筑类艺术设计专业知识的结构特点，通过项目训练与设计实例运用的有机结合，系统地
介绍了建筑透视规律及建筑素描、建筑视觉造型元素及形式美表达与运用、建筑色彩、建筑模型设计的
表现等知识。着重培养读者艺术审美能力、设计思维能力及专业创作能力。书中附设知识拓展板块（建
筑大师）等内容，升华读者对建筑艺术的挚爱与向往。

　　本书适合作为高职高专院校建筑设计、建筑装饰工程技术、城镇规划、园林设计、中国古建筑、室
内设计、环境艺术设计等专业教材和设计参考书，也可作为读者及设计师赏鉴、咏味建筑设计美学、提
升审美水平的上佳读本。

　　本书有配套课件，读者可登录我社网站免费下载。

建筑艺术造型设计

王子夺　编　著

出版发行：中国建材工业出版社
地　　址：北京市西城区车公庄大街6号
邮　　编：100044
经　　销：全国各地新华书店
印　　刷：北京印刷集团有限责任公司印刷二厂
开　　本：787mm×1092mm　1/16
印　　张：9
字　　数：230千字
版　　次：2013年8月第1版
印　　次：2013年8月第1次
定　　价：55.00元

本社网址：www.jccbs.com.cn
本书如出现印装质量问题，由我社发行部负责调换。联系电话：（010）88386906

本书针对建筑类艺术设计专业知识的结构特点，通过项目训练与设计运用的有机结合，并引用了大量中外著名实例加以分析，系统介绍了建筑艺术造型设计的透视规律及建筑素描，建筑视觉造型元素点、线、面、体，建筑空间设计的形式美法则，建筑色彩，建筑模型设计的表现手法，领悟其创作意图，剖析其设计创意，帮助初学者消除对纷繁炫目的市场上各种基础设计书目中缺少针对专业应用指导的现状困扰与迷茫。培养设计者深层次的视觉审美及原创性思维，开拓创造性的视觉思维训练方式，从而为学习设计获取设计语言要素，奠定一个坚实的视觉思维基石。

同时，书中附设了知识拓展板块(建筑大师)，介绍了梁思成、贝聿铭、瓦尔特·格罗皮乌斯、密斯·凡·德罗、弗兰克·劳埃德·赖特、勒·柯布西耶等建筑大师，他们会怎样启发和影响我们？

本书适合作为高职高专建筑设计、建筑装饰工程技术、城镇规划、园林设计、中国古建筑、室内设计、环境艺术设计等专业教材和设计参考书，也可作为普通读者赏鉴、咏味建筑设计美学、提升审美水平的上佳读本。

在本书的编写中，编者结合自己多年课堂教学经验和设计师的精彩设计案例，耗时两年有余完成编写任务。在这段时间里，经历了反复的推敲、修改，迟迟不敢定稿，以期待完美的展现。最终目的就是希望此书的出版，能给读者带来帮助，找到有价值的指引。

本书内容不妥之处，还望广大设计者和专家提出宝贵的建议，共同把设计教育水平提高到一个新的水平，为社会培养出更为优秀的设计师。

王子夺

二零一三年春写于徐州成园

"建筑和艺术虽然有所不同，但实质上是一致的，我的目标是寻求二者的和谐统一。"

——贝聿铭（Ieoh Ming Pei）

CONTENTS

项目一

认识建筑艺术造型设计

PROJECT ONE

项目目标

　　通过该项目的学习，培养设计者理解传统艺术的内涵，并对其进行挖掘提炼、传承，应用到现代建筑的创作实践中去的理性思维。学会坚持独立且深入地思考与审美观察，力求做出原创性的贡献。

项目相关知识

　　何谓艺术？

　　艺术是在社会性、阶级性、民族性、地域性、时代性、个体性等条件下的一种审美体现。

　　何谓造型？

　　以一定物质材料和手段创造的一种可视的空间形象。

　　何谓设计？

　　把一种计划、规划、设想的实现而进行的创造性活动。它可以指一个过程，或者指那个过程的结果。

　　艺术造型设计的目的是发掘、观察大自然中的事物而进行新的思考方式、新的审美理念，进行的一种新的视觉造型的创作。然而，在设计时，我们也要借鉴、汲取他人优秀作品的养分。借鉴的目的是为了超越，如古人习字必先临帖，汲百家之长，成一己之风，这是学习的方法。创造性思维的产生，从来都是设计者在原来形态的基础上将自己的各种感觉、意象、观念、感情、生活态度、信仰、知识等要素相互之间交融从而进行重新改造、组合的过程。

　　对于一个有才华有理想的设计家来说，他需要具备特殊的洞察力，辨别新颖的、独特的、原生态的以及对事物现象和隐蔽的真实状态有高度敏锐的知性或感悟能力。敢于挑战未知领域，艺术思维的方法，积极和专注的创作状态，拥有深刻而独到的对于时代精神和历史传统深入的把握和理解。

任务一　原创性的思考

原创一词含有最初的、新颖的、原生的、原发的、独特的等语义。原创性首先与设计师自身的天赋、勤奋和专业能力直接相关，也关系到民族特性、时代性、文化资源、文艺教育机制、国民教育体制等诸多方面。因此，倡导原创，实践原创，张扬原创性，提升原创力，关系到一种艺术设计流派，一种文化，一个民族的发展。我们要学会坚持独立且深入地思考，力求做出原创性的贡献。

每个时代予以设计师特定的任务和机会，设计师只有认真地思考探索建筑的本质，而不是盲目地迎合某种潮流，只有智慧地回答时代和社会的提问，而不是把形式的翻新当作主要任务，其作品才能最终成为那个时代的代表而具有原创性。

建筑本质的综合性决定建筑创作构思涉及物质与精神的许多方面。从自然到社会、从环境到气候、从生产到生活、从技术到艺术、从美学到哲学、从心理学到行为学等，错综复杂。在建筑创作过程中就建筑美学特性的角度须对以下各方面进行完整深入的理性思考，如建筑形象；按照形式美的规律构成；由先进技术合理建造；与环境相适应；有利于生态环境、人文环境的可持续发展；与生活空间有机结合；表现出与功能性质密切联系的性格；反映社会面貌与时代精神等。往往是在某一方面迸发思想的火花，引燃灵感，成为原创的契机，同时也还要顾及其他方面的基本合理性。

美国发明家奥斯伯恩（Osborne）提出了一个进行原创性思考的清单，其中的一些想法包括：有没有其他的作用？可以进行修改吗？可以改变颜色、动作、香味、形状和结构吗？有哪些部分能够被放大？哪些部分能变得更牢固？哪些部分能成倍增加？那么进行变小、变低、变短、变厚、复制、分割和夸大呢？能不能改变安排、布局、顺序、节奏、成分、材料、能量、位置、方式甚至语调呢？哪些部分能反过来，颠倒顺序，组合在一起，或变成流线型？这些想法能让人变得更有想象力。

任务二　感受传统艺术的魅力

我国传统艺术极其丰富且辉煌，绘画、书法、音乐、舞蹈、戏曲、园林、建筑、雕塑、工艺美术等，经过几千年的文化积累传承，造就了五千年文明古国深厚的文化内涵。这是中华民族的宝贵财富，是全人类的宝贵财富，也是当代设计的巨大资源和宝贵财富。

我国传统建筑历史非常久远，它所展示的建筑美曾使无数的人为之倾倒，从建筑的设计布局、组合方式、空间比例到营构尺度、结构机能等，都是以天人合一、人本主义、和谐为精神追求。

我国传统建筑的建筑功能、结构与艺术的和谐统一，从整个形体到各部分构件如斗拱、钉帽、门簪、铺首、垂莲柱、抱鼓石以及艺术形象如尺度、节奏、构图、形式、色彩等方面做到相辅相成，相互配合，使传统建筑产生独特而强烈的视觉效果和艺术感染力。例如，作为中国传统建筑典型构件的斗拱，既美观，又具有重要的结构作用。正如李泽厚先生在《美的历程》中所言："中国建筑最大限度地利用了木结构的属性和特点，一开始就不是以单一的、独立的、个别的建筑物为目的，而是以空间规模巨大、平面铺开、相互连接和配合的群体建筑为特征的。它重视的是多个建筑之间的有机安排"。

在中国传统绘画中，有一种被称为"界画"的画种，记录下古代建筑以及桥梁、舟车等交通工具，较多地保留了当时的生活原貌，其意义已突破了审美的范畴。早在东晋顾恺之的《论画》中，就出现了"台榭"一词。隋唐时又被称为"台阁""屋木""宫观"，到了宋代，郭若虚的《图画见闻志》中，便有了"界画"一词。明代陶宗仪《辍耕录》所载"画家十三科"，其中就有"界画楼台"一科。界画与其他画种相比，有一个明显的特点，就是要求准确、细致地再现所画对象。现存的唐懿德太子李重润墓道西壁的《阙楼图》是目前我国最早一幅大型界画，五代卫贤《高士图》、宋张择端《清明上河图》（图1-1）等绘画作品中的建筑皆是用界画法画成，画中建筑精密工细而不板滞，体现出画家高超的画功。

设计者要真正理解传统艺术的内涵，并对其进行挖掘提炼、传承，应用到现代建筑的创作实践中去。徐悲鸿先生指出："古法之佳者守之，重绝者继之，不佳者改之，未足者增之"是对待传统科学的态度，也是学习的原则。

图 1-1　清明上河图（局部）　张择端

任务三　培养审美的眼睛

　　大自然是一个伟大的设计师，我们要学会观察。对自然的观察，是超越物体的表象而达到对物质内在结构的完整认识和整体把握一种对自然的独特感受能力。

　　培养审美观察的习惯，首先要培养一双审美的眼睛，去发现，去捕捉，去感悟自然，同时也是一种对生活的积累和不断学习的过程，真正的艺术家总是联系生活，从生活中汲取艺术的营养，关注生活细节，如一面经岁月侵蚀的老墙，一颗细小的螺丝钉，都可能带来创造的灵感，换个距离与角度看世界，我们便能摆脱对物象一种司空见惯的视觉状态，我们将获得新的视觉形象。据说雅典雕刻家卡利马科斯无意中发现一个草编的篮子，里面是一个来自科林斯的贫穷女孩仅有的家当，女孩已经悲惨地死去了。这个篮子被一块扳子或屋顶的砖瓦覆盖着，爵床叶在篮子周围生长，悬垂部分呈卷曲状。卡利马科斯为这种迷人而简单的组合所感动，随即绘成素描，然后刻在石头上，这就是传说中的科林斯柱式的起源。这种技法便成为建筑学上古典语汇的一部分，这种柱式成为了文艺复兴到现今盛行的五大柱式之一（图1-2）。

　　培养一个人看待事物的角度，不是单一的，而是从多个角度、多方位、多视角看问题，掌握一种从普通的物象中发现各种不同的、特殊的视觉现象的能力，而且从其中的尺度、色调、明暗、结构、功能、材质等要素中发现新的表现形式和设计意义。

　　审美经验的获得和积累是一个循序渐进、潜移默化的过程，只有通过从生活的物质层面、自然环境和社会环境、对古今中外文化的汲取，才能积淀丰富的文化内涵和美学修养，在审美活动中达到主客体的统一，才会具有更高层次的审美感悟。

图1-2　科林斯柱式的起源

知识拓展（建筑大师——梁思成）

梁思成（1901—1972）

　　梁思成，男，广东省新会人，中国近现代著名的建筑历史学家、建筑教育家和建筑师。1927 年毕业于美国宾夕法尼亚大学，获建筑学硕士学位。1928 年归国创办东北大学建筑系，后参加中国营造学社研究中国建筑史。1946 年创办清华大学建筑系。

　　梁思成热爱中国传统文化，在建筑创作理论上提倡古为今用、洋为中用，强调新建筑要对传统形式有所继承，形成带有中国特色的新建筑。

　　梁思成和夫人林徽因一起实地测绘调研中国古代建筑，并对宋《营造法式》和清《工部工程做法》进行了深入研究，为中国建筑史学奠定了基础，与吕彦直、刘敦桢、童寯、杨廷宝一起被誉为中国近现代建筑五宗师。

　　梁思成主要作品有吉林大学礼堂和教学楼、仁立公司门面、北京大学女生宿舍、人民英雄纪念碑、鉴真和尚纪念堂等。

项目二
建筑艺术造型的透视表现

PROJECT TWO

▶ 项目目标

通过该项目的学习，掌握透视原理，能够运用平行透视、成角透视、斜角透视的规律进行形象绘制，培养逻辑思维能力。

▶ 项目相关知识

一、关于透视

何谓透视？

透视是指在二维平面上再现三维物象的基本方法。

大自然中处处存在透视现象，如当你看到远处的山丘，你就会注意到那些远处绿色的山丘似乎蒙上了一层蓝色，同时看上去也比实际的颜色要清淡很多。几乎所有的建筑，当它离得越远的时候，色调看上去会更加苍白和暗淡一些。同样体量的事物由于距离的远近，在人们眼里会发生大小的变化，呈现出近大远小，近实远虚的效果，这种现象被称为透视现象。早在南北朝时期的画家宗炳所著《画山水序》中便近大远小的论述"且夫昆仑山之大，瞳子之小，迫目以寸，则其形莫睹，迥以数里，则可围于寸眸。诚由去之稍阔，则其见弥小。今张绢素以远暎，则昆、阆之形，可围于方寸之内。竖划三寸，当千仞之高；横墨数尺，体百里之迥。是以观画图者，徒患类之不巧，不以制小而累其似，此自然之势。"科学研究表明，透视现象的产生是由于人眼复杂的结构及其成像规律和大气过滤所形成的。

在绘画方面，一般常用有散点透视、焦点透视、空气透视。

散点透视是指绘画者在不同位置或眼睛进行上、下、左、右运动中观察到的视觉印象画在同一幅画面上。中国传统山水画大都采用散点透视绘制。

焦点透视是指绘画者站在一定地点，向着一定方向，观察到一定范围内的静物呈现近大远小，向消失点聚集等具有规律变化的视觉印象绘制在一幅画面上。

空气透视是用色彩的明度、纯度和色相的变化来表示物体的远近。近处的物体色彩鲜明，越远的物体越失去原来的鲜明色彩，这是因为空气中含有水分、杂质，由于它们的阻碍和折射，物体的颜色会随着距离渐远而变得灰、淡和泛蓝。

　　透视学是研究透视现象内在规律的学问。我们通常讲的透视主要是指焦点透视，一点透视、两点透视和三点透视是焦点透视中最常见的几种类型，它们是以消失点的个数为命名标准的。

　　公元 14 世纪，意大利文艺复兴运动迅速席卷了整个欧洲，众多画家、建筑师和雕塑家继承发扬前人理论，创立了一些科学的透视方法，用于对客观事物真实、准确、生动的表现。意大利杰出的建筑师、雕塑家菲利浦·布鲁内莱斯基根据数学原理揭开了视觉的几何学结构法则，奠定了透视画法的基础。

　　意大利著名画家列奥纳多·达·芬奇、乌切罗、卡斯塔尼奥三人长期系统研究透视学，将阿尔贝蒂的距点平行透视网图加以验证，确定透视图中远近各处的人物身高、建筑物高度、宽度与深度尺寸。列奥纳多·达·芬奇将自己绘画时把透视、解剖、色彩、构图和明暗等知识归纳为系统的理论，后人整理为《画论》出版。在达·芬奇著名作品《最后的晚餐》（图 2-1）、拉斐尔的传世大作《雅典学派》（图 2-2）中，其画面对于焦点透视的运用至今仍被视为典范。

图 2-1　最后的晚餐　［意］达·芬奇

　　1525 年，杰出画家、建筑家、雕塑家阿尔布列切特·丢勒出版《圆规直尺量法》，书中提出一种分格画法，以平行透视正方形网格做精确的余角透视图。其绘画作品《透视画法的研究》反映了透视学发展的一个剪影（图 2-3）。

　　1715 年，英国数学家泰勒出版了《论线透视学》和《线性透视新法则》两本著作，在该书中对透视的基本原理作了简明扼要的论证，除介绍了前辈研究的一点透视外，还

涉及两点透视、三点透视和阴影透视，此书对他同时代的艺术家影响非常大，并迅速传播开来。同时期瑞士人兰伯特发表了《通用透视学》，对阴影和倒影进行了系统的讲述。

19世纪法国大数学家蒙诺的投影几何学理论等，对透视学的完善作出了很大的贡献，在艺术领域里为后人的艺术创作奠定了坚实的理论基础。

图2-2　雅典学院　拉斐尔

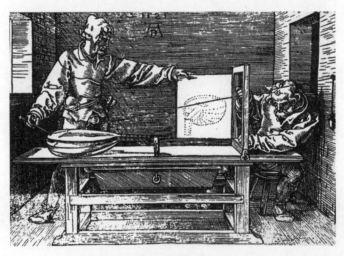

图2-3　透视画法的研究　丢勒

我国早在南北朝时，就有了论述透视现象及其规律的文字记录，经过历代画家乃至建筑师们不断地探索，形成了我国独具一格的散点透视理论。这一理论把空间和时间巧妙地结合在一起，创造了中国画所独有的艺术意境和风格。现珍藏于北京故宫博物院的北宋画家张择端所绘的《清明上河图》，作品以长卷形式，采用散点透视构图法，生动记录描绘了北宋时期都城东京城市生活的面貌，画中大街小巷，店铺林立，酒店、茶馆、点心铺等百味杂陈，还有城楼、河港、桥梁、货船，官府宅第和茅棚村舍密集。房屋、桥梁等建筑结构严谨，描绘一笔不苟，是一幅惊世的建筑表现长卷之作。

二、透视术语（图 2-4）

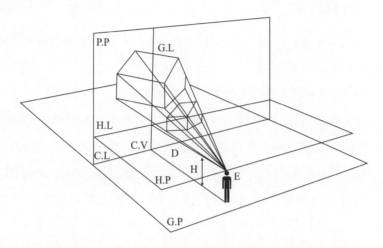

图 2-4 透视概念术语示意图

（1）立点（Standing Point）S. 又称停点，是观察者所在的位置。

（2）视点（Eye Point）E. 观察者眼睛所在的位置。

（3）视高（Visual High）H. 视点到地面的垂直位置。

（4）视平线（Horizoutal Line）H. L. 视平面和画面的交线。

（5）视距（Distance Point）D. 视点到画面的垂直距离。

（6）心点（Central Vertical）C. V. 位于由视点作画面上的垂线，该垂线和视平线的交点。

（7）画面（Picture Plane）P. P. 假设为一透明平面。

（8）基线（Ground Line）G. L. 地面和画面的交线。

（9）基面（Ground Plane）G. P. 建筑物所在的地平面。

（10）中心线（Central Line）C. L. 在画面上过心点所作视平线的垂线。

（11）灭点（Vanish Point）V. P. 又称消失点。

（12）量点（Measuring Point）M. 是视点到灭点的距离投影在视平线上的测量点，一般用来计算透视图中物体的长、宽、高。

（13）视线（Sight Line）S. L. 视点与物体任何部位的假想连线。

（14）视角（Visual Angle）V. A. 视点与任意两条视线之间的夹角。

任务一　平行透视

一、平行透视概念

平行透视又称一点透视，当水平位置的直角六面体有一个面与画面平行，其消失点只有一个的画面透视。

视平线位置的高低对图像效果的影响巨大。当视平线位于物体下方，一般为仰视图，如在山下观看山上的建筑物，建筑物显得格外高大突出。当视平线位于物体上方，就构成了俯视图，或称鸟瞰图，可以居高临下观看建筑物的全貌。当视平线与人眼同高时，即 1.5～1.7m 左右，透视效果接近于人们常见的视觉习惯。但是，由于透视图主要用于展现对象，因此在选择视高时应针对物体的特点，根据不同的表现需要选择视平线（图 2-5）。

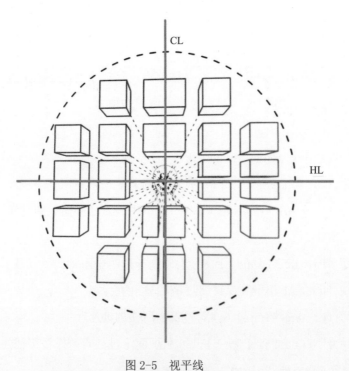

图 2-5　视平线

如果我们观察一组平行直线，它们似乎相交于一个点，这个点本身似乎位于无穷远处，这就是灭点，这里的直线就称为透视线。当物体直线排列时，透视效果会更为明显（图 2-6）。

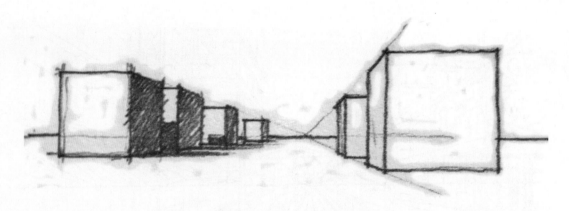

图 2-6 灭点与透视线

灭点是一个具有一定主观性的概念，是位于无穷远处的一个假想点。但在素描设计时，需要标出这一点的位置（图 2-7 和图 2-8）。

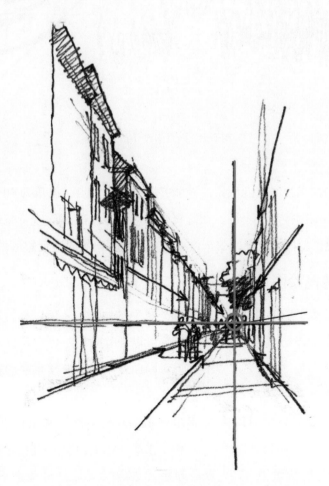

图 2-7 灭点位置

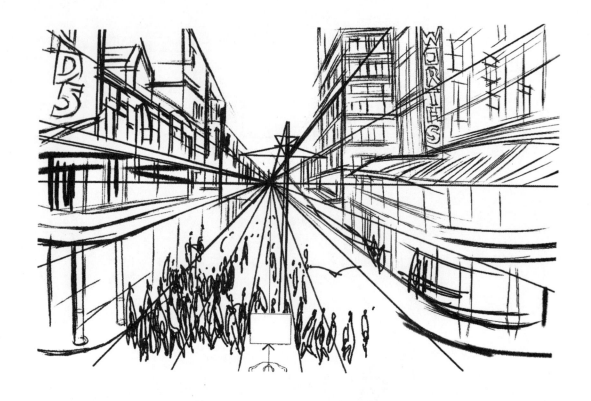

图 2-8　灭点的设计指引

科学研究表明，当视线方向固定，人能够以眼睛为锥点、锥角为 60°左右的范围内看清物体，其视图范围接近一个圆。在透视图中也一样，在 60°视觉范围内，透视形象比较真实，超过这个范围，就会因变形过大而产生极不自然的透视图形。

二、平行透视绘图方法

此类绘图法为水平透视量点法"从内向外推"的做法，之所以称为量点法，就需要用到 M 这个测量点，在一点透视中，M 点位置可以任意确定，可以是位于心点的左边或者右边。值得提醒的是，M 点离心点的远近对画面效果起着非常重要的作用。此方法简单易懂，使初学者能轻松掌握。

（1）按长宽比例确定空间的内框 ABCD 并记上尺寸刻度，确定视平线及心点 C，作 CA、CB、CC、CD 的连线并向外延伸。过 D 点作水平线并记上刻度，刻度多少即进深的尺度。在视平线上任意定出测量点 M，M 点最好定于进深尺度之外避免图面透视角度过大（图 2-9）。

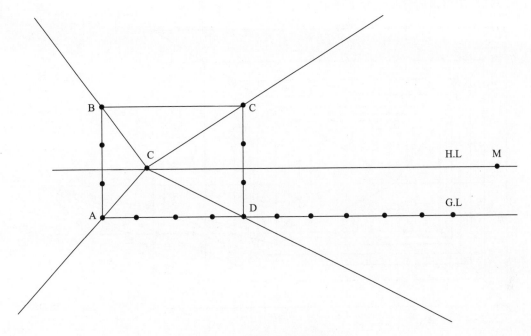

图 2-9　一点透视方法步骤（一）

（2）分别过 M 作点 1、2、3、4、5、6 的连线并延长交 CD 的延长线得到各交点（图 2-10）。

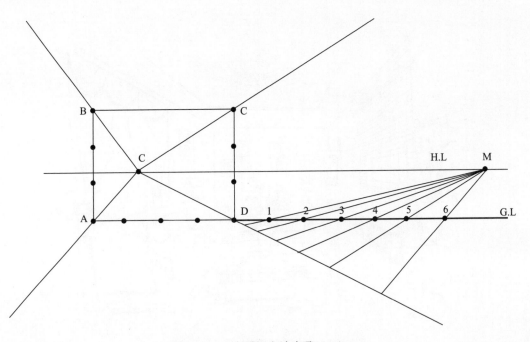

图 2-10　一点透视方法步骤（二）

（3）由得出的各交点分别作垂直线与水平线（图2-11）。

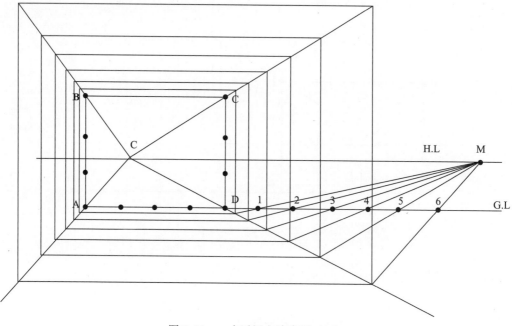

图2-11 一点透视方法步骤（三）

（4）最后在根据平行透视的原理画出室内各个物体，并调整设计画面，使之完整（图2-12）。

图2-12 一点透视方法步骤（四） 张艳

三、平行透视设计作品案例（图 2-13 和图 2-14）

图 2-13　［德］约翰内斯·默勒

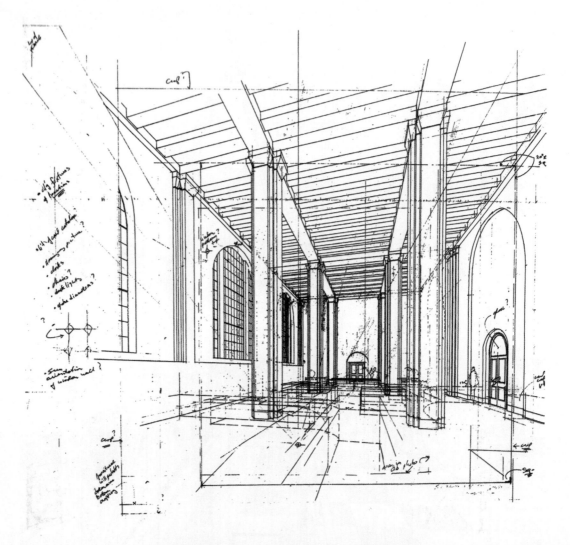

图 2-14 ［美］West Seismic

任务二　成角透视

一、成角透视概念

成角透视又称两点透视，就是指物体与视平线形成角度的透视，物体因为与视平线不平行在视平线上形成两个消失点的画面透视（图 2-15）。

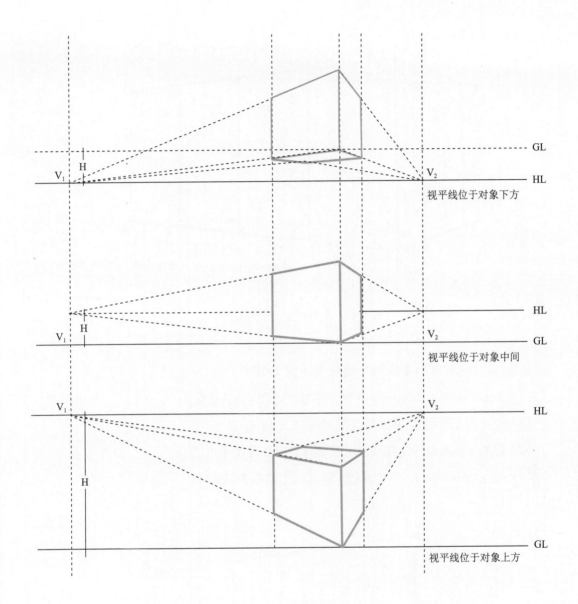

图 2-15　成角透视与视平线

二、透视绘画技法

技法一：　运用对角线对分透视图（图 2-16）

（1）运作透视面 ABCD 的对角线 AC、DB，过对角线交点（即图形 ABCD 的中心线）作垂线，即把透视面 ABCD 对分为 2 个。

（2）重复上述步骤，即可将透视面 ABCD 继续对分为 4 个、8 个、16 个等分。

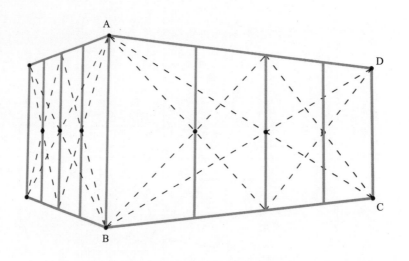

图 2-16　运用对角线对分透视图

技法二：　运用辅助量点切分透视图（图 2-17）

（1）以点 B 为起点作水平线段 BE，将切分要求标注在线段上。

（2）连接点 E 与点 C，并延伸交视平线 HL 于点 M。

（3）以点 M 为起点，连接线段上各切分点，交透视线 BC 于 a、b、c、d 等各点。

（4）过交点 a、b、c、d 作垂线，即完成了透视面的切分。

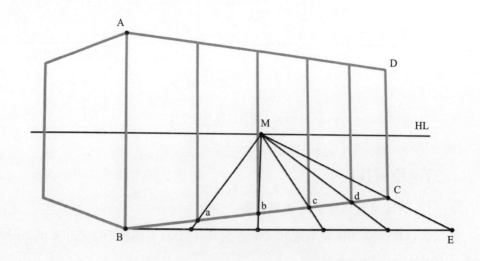

图 2-17　运用辅助量点切分透视图

技法三： 平面对角线三等分分割图（图 2-18）

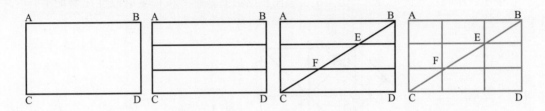

图 2-18 平面对角线三等分分割图

技法四： 透视对角线三等分分割图（图 2-19）

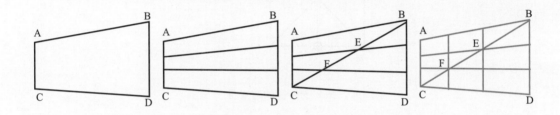

图 2-19 透视对角线三等分分割图

技法五： 透视对角线多等分分割图（图 2-20）

（1）过 BA 与 DC 延伸线于点 E；

（2）在线段 BD 进行 5 等分切分；

（3）分别连线 1、2、3、4 点于点 E；

（4）连 BC 过交点于 a、b、c、d 做垂线，即完成了透视面的切分。

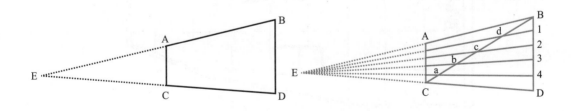

图 2-20 透视对角线多等分分割图

技法六：　8点透视圆（图 2-21）

按 4 点法的过程先确定 4 个点。8 点法在 4 点法的基础上按视觉近似性在增加 4 个点。

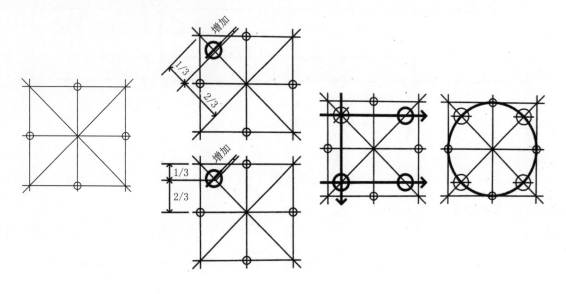

图 2-21　圆的透视图

三、成角透视绘图方法

（1）仔细观察图纸，并按 1m×1m 的地面网格作为辅助线（图 2-22）。

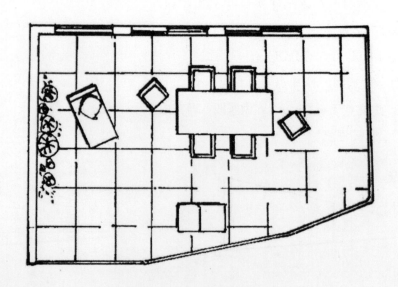

图 2-22　成角透视方法——平面图

（2）为了作图方便，定出 3m 高的墙角线 AB 线段，过 AB 作视平线 H.L 及确定两个灭点 VP1、VP2（图 2-23）。

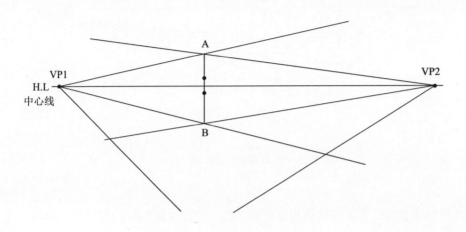

图 2-23 成角透视方法步骤（一）

（3）作 A、B 两点与 VP1、VP2 的连线并延长，得到天花、地面以及两墙面。运用对角线等分法绘制墙面透视进深（图 2-24）。

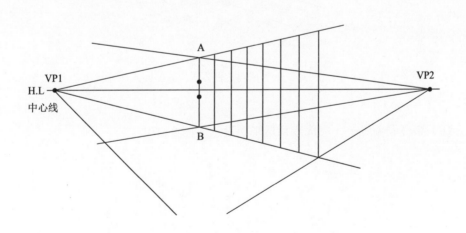

图 2-24 成角透视方法步骤（二）

（4）过墙面透视各点与 VP1、VP2 的连接，并使之延长，得到地面网格透视图，并在地面透视网格中安置与之相应的家具地面位置（图 2-25）。

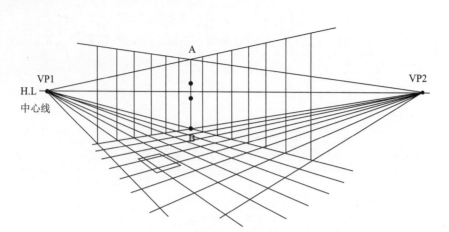

图 2-25　成角透视方法步骤（三）

（5）在地面家具位置上按比例画出家具高度，并作立面结构构架（图 2-26）。

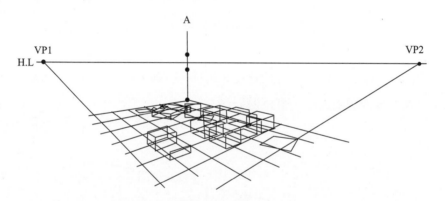

图 2-26　成角透视方法步骤（四）

（6）整理画面细节，完成成角透视图设计（图 2-27）。

图 2-27　成角透视方法步骤（五）　徐开诚

四、成角透视设计作品案例（图 2-28 ～图 2-30）

图 2-28　［德］约翰内斯·默勒（一）

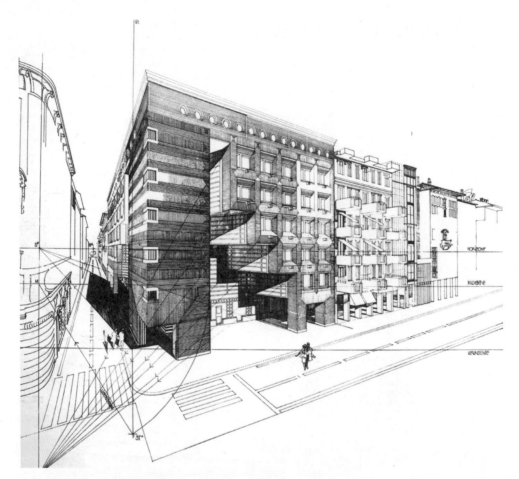

图 2-29　[德]约翰内斯·默勒（二）

图 2-30　[德]约翰内斯·默勒（三）

知识拓展（建筑大师——贝聿铭）

贝聿铭（Ieoh Ming Pei）

贝聿铭（Ieoh Ming Pei），美籍华人建筑师，曾获美国总统授予的"自由勋章"及美国"国家艺术奖"、法国总统授予的"光荣勋章"、1983 年普利兹克奖得主，被誉为"现代建筑的最后大师"。2010 年被授予建筑界最具声望的奖项之一英国皇家金质奖章。

贝聿铭为苏州望族之后，1917 年出生于广东省广州市，父亲贝祖贻曾任民国时期中央银行总裁，1940 年取得麻省理工学院建筑学士学位，1946 年取得哈佛大学建筑硕士学位。1955 年创建贝聿铭事务所至今。美国艺术与科学学院院士。

贝聿铭作品以公共建筑、文教建筑为主，被归类为现代主义建筑，善用钢材、混凝土、玻璃与石材，身为现代主义建筑大师，他始终秉持建筑不是流行风尚，不可能时刻变花招取宠，建筑是千秋大业，要对社会历史负责。他善于把古代传统的建筑艺术和现代最新技术熔于一炉，从而创造出自己独特的风格。贝聿铭说："建筑和艺术虽然有所不同，但实质上是一致的，我的目标是寻求二者的和谐统一。"

代表作品有肯尼迪图书馆、华盛顿国家艺术馆东馆、香山饭店、苏州博物馆、香港中国银行大厦、法国巴黎罗浮宫扩建工程等。

项目三

建筑艺术造型的素描表现

PROJECT THREE

▶ 项目目标

通过该项目的学习，加强对素描造型本质的理解，注重内在结构与外在形态的分析表现，培养运用透视造型的科学规律进行多种光影、虚实等技法表现能力。

▶ 项目相关知识

文艺复兴时期意大利杰出的艺术大师米开朗基罗说："素描是绘画、雕刻、建筑的最高点，素描是所有绘画种类的源泉和灵魂，是一切科学的根本。"

何谓素描？

素描即朴素的描写。

素描虽然画的是物体，却不应仅仅是反映物体的表象，而更多的是对物体的感受和内心精神的把握。素描的表现形式、方法、角度、构图等元素都取决于设计者的审美视觉思维，绝不是被动的复制物象，而是一种积极的理性活动，反映出一种心理的、精神的、现代的审美意识，是一种理念，更是一种睿智。

素描是设计的一部分或一个过程。

素描是视觉艺术的基础。

达·芬奇说："素描如此卓越，它不但研究自然作品，而且研究无限多于自然产生的东西。"

任务一　建筑素描表现

一、关于整体观察与表现

观察，是一种对物象的感知。

观察很重要，观察的最终目的是为了表现，我们应该在掌握正确观察方法的前提下，加深对要刻画的物象各个层面的理解，这样的观察应是立体的、全面的、整体的。

素描的观察必须是整体的观察，整体的就是对物象造型要素进行全面的关照，多角度的观看，并还要对其他相关物象进行比较，从而获得对物象独有的本质特征。

在艺术造型表现时，整体观察物的比例和特征，并要正确处理表现对象的各种关系，如比例、长、宽、深的关系，主次关系、透视关系、结构关系，明暗关系，前后关系，繁简关系、虚实关系等，这些关系都是相互比较存在。要多进行比较，有比较才有鉴别，有鉴别才能找出差异和层次、进行分析、归纳，才能正确认识和表现物象。

在构图时，也要注意画面的边角的经营布置，它与画面中的主体物象是密切相关的。潘天寿先生在《听天阁画谈随笔》："画事之布置，须注意画面内之安排，有主客，有配合，有虚实，有疏密，有高低上下，有纵横曲折。然尤须注意于画面之四边四角，使与画外之画材相关联，气势相承接，自能得趣于画外矣。"画面四角不但要与主体物象相应，注意不能完全封闭，也不能完全开敞，要有封有敞，方显构图之妙。

南北朝时期文学理论家刘勰在《文心雕龙·总术篇》曾说"先务大体，鉴必穷源，乘一总万，举要治繁。"意思是说首先要掌握整体，查其究竟，但是表现对象要把握要点而表现繁复。写文章如此，素描亦然。

黄宾虹主张："学画者师今人不若师古人，师古人不若师造化。师今人者，食叶之时代；师古人者，化蛹之时代；师造化者，由三眠三起，成蛾飞起之时代也。""览宇宙之宝藏，穷天地之常理，窥自然之和谐，悟万物之生机。饱游饫看，冥思遐想，穷年累月，胸中自具神奇，造化自为我有。"在艺术表现时，只有客观的视觉观察与主观的情感内蕴完美结合，才能达到一种创作的完美境界。

二、关于素描的光影明暗表现

明暗现象的产生，是光线作用于物体的结果。同一物体虽然会由于不同角度的光线照射而出现不同的明暗变化，但光线不会改变对象的结构，结构是固定的，而光线是可变的。物体受光后，会出现受光部和背光部两大系统。由于物体结构的各种起伏变化，明暗层次的变化也很丰富，并具有一定的规律性，即亮部、中间色、明暗交界线、暗部、反光和投影。要从具体出发，对调子的规律和表现方法不要公式化，概念化，注意物体的造型特征、质感、色度的表现。

建筑明暗光影的表现除了构成画面和产生立体效果外，还要很强的艺术表现力，它是有效而独立的构图要素，是表现和烘托气氛的最有力的手段。

明暗光影的配置效果是平静还是活泼，强烈还是柔和，整齐还是不规程等，都能传达出某种视觉质感。

室内环境空间写生其光源较复杂，明暗层次较丰富。在艺术处理上，应抓住重点，将主要对比表达出来。

明暗关系是靠对比存在的，就是从整体出发进行比较，在深入表现细部时，始终把握最基本的明暗关系。

户外景观的写生，比室内的静物要复杂，如何处理复杂的景观相互关系，是需要思考的。绘画的过程，是有递进层次的认知过程：从构图、轮廓开始入手，然后考虑更细层次的结构，最后是物象的细节。

三、关于素描的虚实表现

关于虚实，很多典籍都有论述，清代蒋和《学画杂论》云："大抵实处之妙，皆因虚处而生。"清代恽寿平《瓯香馆集》说："人但知画处是画，不知无画处皆是画，画之空处，全局所关，即虚实相生发，人多不着眼处，妙在通幅皆灵，故云妙境也。"清代戴熙《习苦斋画絮》有言："画在有笔墨处，画之妙在无笔墨处。""肆力在实处，而索趣在虚处。"以上的论述都精辟的说明了"虚实相生，无画处皆成妙境。"

在素描表现时，虚实的处理表现极为重要，它是整体观察方法下的客观体现，是按视觉规律加以适当夸张的主观处理技法。由于眼睛对物体的明暗观察具有适应性，我们在刻画物体局部时，就会不自觉的表现清晰，从而使画面缺乏整体感。因而，有意识的虚实处理能使画面更加生动自然，表现出更好的空间感和体积感。

边线虚实变化是艺术上重要的手段，要突出主题，重点刻画物象的主要特征，刻画感动你的那一点，找准结构，抓住表现结构的特点和转折要点的线，最硬的边线要放在主要地方，其他地方可以虚掉，要做到恰到好处。一般亮部和近处较实，而暗面较虚，明暗交界处的变化最丰富强烈，这部分往往是形体的转折处。

潘天寿先生谈及虚实说："无虚不能显实，无实不能存虚，无疏不能成密，无密不能见疏，虚实相生，疏密互用，绘事乃成。实而不闷，乃见空灵，虚中有物，才不空洞，即所谓实者虚之，虚者实之，画能知以实求虚，以虚求实，以疏衬密，以密显疏，即得虚实疏密变化之道。"

四、建筑素描表现步骤

（1）建筑素描的起稿用长直线画出建筑物体大致的透视关系，同时确定相关物体的前后的位置、大小的比例变化及空间的结构等（图3-1）。

（2）画出建筑物的受光面和背光面的基本明暗色调关系，注意空间及虚实关系的体现（图3-2）。

图3-1　建筑场景的素描表现步骤（一）　　　　图3-2　建筑场景的素描表现步骤（二）

（3）强调刻画建筑物及配景的层次，强调明暗交界线，注意物体的虚实把握，受光面的内容要清晰（图3-3）。

（4）深入刻画建筑物的细节，强化配景如车辆的质感处理（图3-4）。

图 3-3　建筑场景的素描表现步骤（三）　　　图 3-4 建筑场景的素描表现步骤（四）　　卿笑天

五、室内环境素描表现步骤

（1）室内环境素描表现应重在取景、构图上进行分析，准确把握室内环境各部位的尺度、比例及透视关系，勾画出室内轮廓及结构（图 3-5）。

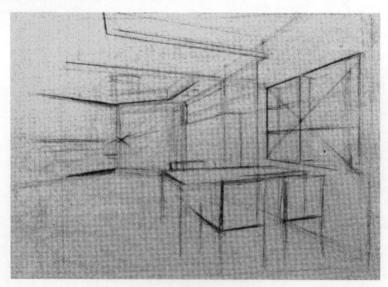

图 3-5　室内环境的素描表现步骤（一）

（2）根据灭点按比例定出天棚、椅子、影视墙等透视变化，接着要进行上下、左右的尺度比例调整（图3-6）。

图3-6　室内环境的素描表现步骤（二）

（3）室内环境光源复杂，明暗色调处理上不易画的过深，注意画面的层次感和虚实关系（图3-7）。

图3-7　室内环境的素描表现步骤（三）

（4）深入刻画室内环境中物体的结构及体量感小的装饰品细节和质感，整体进行画面层次感和虚实关系的调整（图3-8）。

图3-8　室内环境的素描表现步骤（四）　张军

六、建筑素描设计作品案例（图3-9～图3-29）

图3-9　素描的透视表现　［意］达·芬奇

图 3-10　文特拉米尼府邸　梁思成

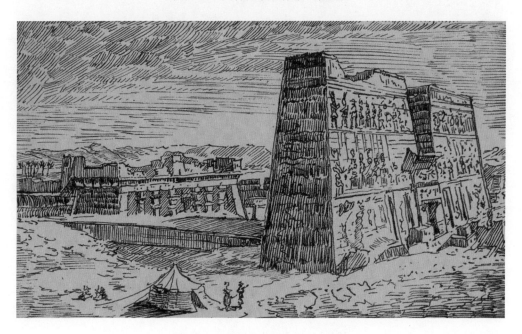

图 3-11　古埃及埃德府庙　梁思成

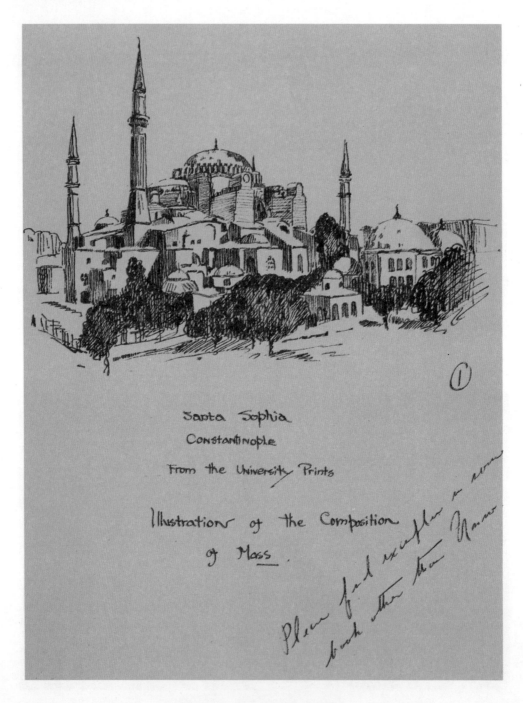

图 3-12　圣索菲亚教堂　梁思成

图 3-13　米勒可立·玛丽亚教堂　梁思成

图 3-14　德国弗赖堡的百货大楼　［德］彼特纳

图 3-15　莱茵河畔　［德］彼特纳

图 3-16　塞海姆　［德］彼特纳

图 3-17　室内场景　［俄］玛丽妮娜

图 3-18 上海街景 杨义辉

图 3-19　住宅透视图　郑越

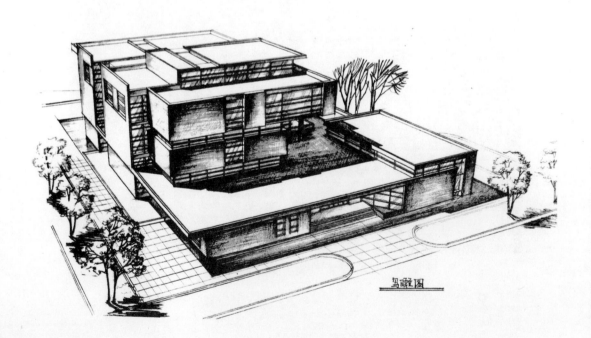

图 3-20　建筑透视图　姜然

图 3-21　细雨　杨雨堂

图 3-22　小镇　杨雨堂

图 3-23　高层办公楼设计　孙晓晴

透视图

图 3-24　高层办公楼设计　梁丰

图 3-25　建筑素描　郑越

图 3-26　建筑　W.Palph.Merrill

图 3-27　［俄］列宾美术学院学生作品之一

图 3-28　［俄］列宾美术学院学生作品之二

图 3-29　教堂　Erenst W.Watson

任务二　建筑速写草图表现

建筑速写的"速"，不是简单地针对绘画的速度而言的，而是要通过简繁得当的处理，抓住所表达物象的最特别、主要的造型特征来实现的，是反映物象最核心、最本质的问题。要善于把握建筑最有特色、最生动的视觉感受，表达此建筑非彼建筑的特征。

建筑速写能锻炼设计者的观察能力，虽然过程既充满诗意与浪漫，实际上也要面临天气、路人围观等诸多挑战，坚持随身带上一个小本子，一支笔，习惯记录每天观察、认知到的现场速写带来的知识、灵感以及生动的形式，是摄影、文字等其他方式所无法替代的。

随着时间的积累，循序渐进练习的深入，速写也就越画越好，当翻过练习册一页页，发现自己的水平逐渐提升，乐趣和自信就会油然而生。

设计师要随时以简洁的线条记录稍纵即逝的灵感、感知、领悟，也或是设计和思考的过程，也为设计师的后期创造提供了素材与积累了生活感受。

最初的徒手草图经常是最终设计的源泉，设计者具备快速徒手勾画的能力是非常必要的。头脑中抽象的创意和纸上草图式的表现之间的对话，会引起一系列持续不断的思考，探究、检验、确认还是放弃，这对于解决方案设计任务来说是不可避免的，也是充满乐趣的。整个设计过程，概念草图都会使设计的每一阶段都清楚可见。

建筑大师的草图，思考性大于绘画性。建筑师的草图更多的是反映概念性思考的痕迹，追求一种解决实际问题的巧妙方法。

建筑大师安藤忠雄指出："我一直相信用手来绘制草图是有意义的，草图是建筑师造就一座还未建成的建筑，与自我还有他人交流的一种方式，建筑师不知疲倦地将想法变成草图。然后又从图中得到启示，通过一遍遍不断重复这个过程，建筑师推敲着自己的构思，他的内心斗争和'手的痕迹'赋予草图以生命力。"

无数的世界建筑名作的雏形，往往是设计师以简洁而又抽象的线条画出的构思草图表现出来的（图 3-30 ～图 3-36）。

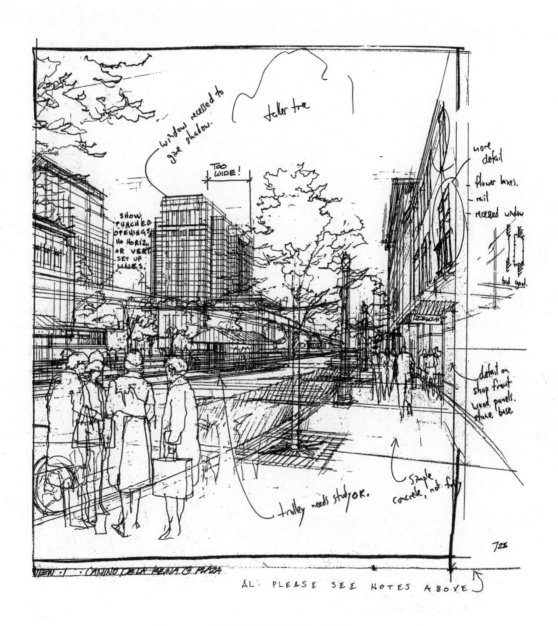

图 3-30　综合体建筑概念研究　［美］AM Stern

图 3-31　Peek 和 Cloppengurg 百货商店竞选获奖方案　［美］Moore, Ruble, Yudell 建筑师事务所

图 3-32　Sybase Hollis 街校园　［美］罗宾逊·米尔斯和威廉姆斯

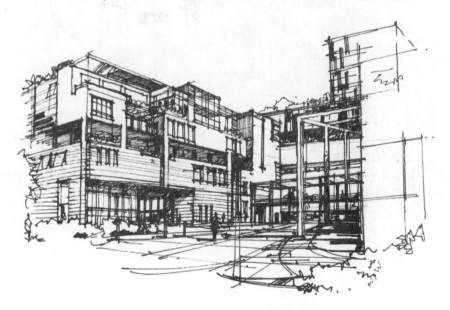

图 3-33　建筑速写　来拓手绘

图 3-34　风景速写　来拓手绘

图 3-35　建筑速写　杨翼

图 3-36　天津南市老街区老房子入口　班勇

任务三　建筑相关配景表现

　　树是建筑环境表现中最为常见而又非常重要的组成部分，是建筑物的主要陪衬，古今中外多少艺术大师们在不同时期赋予了它灵性般生命及品格。

　　树不仅可以作为写生的配景，也可以作为主体，在画面中起到丰富构图、营造氛围等作用。

　　树的种类繁多，形状千姿百态，是有树根、主干、树枝、树叶等部分组成，在表现时无需一枝一叶的刻画，而是要抓住它主要的形态，画树干时要仔细观察它的生长规律，注意树枝的前后层次空间关系。并按光源的方向概括涂出它呈现的面，在把握主次、强弱、虚实的基础上再深入将较明显的明暗交界线部分重点刻画，远的树木进行虚化处理（图 3-37 ～ 图 3-44）。

图 3-37　孔庙前的冬日　杨义辉

图 3-38　树干表现　费迪南德

图 3-39 灌木表现 卿笑天

图 3-40 棕榈树表现 卿笑天

图 3-41 树木表现 张军

图 3-42　老梧桐树　王克良

图 3-43　暮冬　杨雨堂

图 3-44 森林 杨雨堂

知识拓展（建筑大师——瓦尔特·格罗皮乌斯）

瓦尔特·格罗皮乌斯（Walter Gropius　1883—1969）

瓦尔特·格罗皮乌斯（Walter Gropius）1883年5月18日生于德国柏林，是德国现代建筑师和建筑教育家，现代主义建筑学派的倡导人和奠基人之一。

一战期间，格罗皮乌斯应征入伍，一战后，1919年在德国魏玛创办国立建筑设计学院，即"包豪斯"。

由格罗皮乌斯起草的"包豪斯宣言"是现代设计的重要文献，也是现代设计教育的最高纲领："完美的建筑乃是视觉艺术的最终目标。艺术家崇高的职责是美化建筑。……建筑家、画家和雕塑家必须重新认识：一幢建筑是各种美感共同组合的实体。只有这样，他的作品才可能注入建筑的精神，免于沦为可悲的'沙龙艺术'"。

格罗皮乌斯积极提倡建筑设计与工艺的统一，艺术与技术的结合，讲究功能、技术和经济效益，为现代建筑设计的教学模式和科学发展奠定了基础。

1928年，他与勒·柯布西耶等组织国际现代建筑协会，1929—1959年，任协会副会长。1934年离开德国先是到了英国，1937年，格罗皮乌斯接受了美国哈佛大学的聘请，担任哈佛大学建筑系教授和主任。1945年同他人合作创办协和建筑师事务所，发展成为美国最大的以建筑师为主的设计事务所。第二次世界大战后，他的建筑理论和实践为各国建筑界所推崇。

他的代表作品有：包豪斯校舍、德国柏林西门子住宅区、哈佛大学研究生中心、西柏林汉莎区的高层公寓等。

项目四

建筑艺术造型的设计表现

PROJECT FOUR

项目目标

通过该项目的学习，掌握建筑艺术造型设计元素中"点""线""面""体"与建筑艺术造型形式美的表达与运用，剖析其设计手法和创意，领悟其创作意图，提升对建筑设计的审美水平，从而实现与建筑作品的对话。

项目相关知识

点、线、面、体、色彩、材质是设计师在表现建筑艺术造型的载体，传达出不同的设计思想。设计师只有充分思考与研究这些载体语言，才能创造出一个个新颖的建筑形象，表达不同的艺术思想。读者只有充分理解了这些语言，才能进一步理解作品的创造内涵，从而实现与建筑作品的交流与对话。

任务一　建筑艺术造型设计元素中"点"的视觉表达与运用

一、点的设计特性

何谓点？

在艺术造型设计中，点是相对较小的形或形体。

窗是建筑的点，建筑是城市的点，而城市又是国家或地区区域的点。

点有实点与虚点之分。

点的形状可以是圆形，也可以是方形、矩形、三角形、菱形、T 形、L 形或其他不规则的造型。

在建筑形态中，点具有建筑整体造型的焦点、点缀、亮点等作用。

1．单点的设计特性

点在设计中，单个的点在视觉中心时，具有向心、集中的视觉中心的作用。当点偏离了视觉中心位置，就具有方向感和动感。

2．双点的设计特性

两个相同大小的点，视线就会在两个点之间来回移动，产生虚的线。两个大小不相同的点在一起时，视线首先被大点所吸引，然后移向较小的点，在经过来回比较，最后集中在小点上，越小的点，集聚性就越强。

3．多点的设计特性

当多个点排列、变化时，主要有规律性构成和非规律构成两种表现形式。

规律性构成是指艺术造型设计中各点要素排列、组合是有序的构成形式，给人一种面化感和韵律感。

非规律性构成是指艺术造型设计中各点要素排列、组合是无序的构成形式，其要素之间要求聚散相宜，疏密有致，高低错落，自由而活泼。法国建筑师勒·柯布西耶设计的朗香教堂，位于法国东部索恩地区的一座小山顶上。其弯曲的墙面上点缀着大小不同、形状各异的窗户，就是点的非规律性构成，这些建筑中的点，看似自由布置，实则聚散相宜，疏密有致，高低错落，别有韵味（图 4-1）。

图 4-1　朗香教堂　勒·柯布西耶

二、点的造型设计亮点

（1）要充分利用点的特性来强化建筑视觉中心，从而起到画龙点睛的作用。

（2）在进行建筑的点设计时，要把握点的比例与尺度，考虑点与建筑整体造型的协调统一。建筑中点的均衡与稳定的设计效果和点的大小、形状、质地、色彩有关系，各个点可以通过适当的调整、重组后达到视觉均衡。如 2010 年上海世博会丹麦馆表皮幕墙采用白色钻孔钢板制成，其上无数的小圆点的有序排列构成了丹麦馆独特的通话气质。同时，圆孔又以通透的视觉效果，联系着内外空间，似隔非隔，似透非透，让人心生向往（图 4-2）。

（3）强调建筑整体中点的韵律美。建筑设计要充分运用点的色彩、形状、图案的连续和重复而产生韵律美。如 MAD 建筑事务所设计的中钢国际广场，通过富有变化的六边形的"蜂巢"窗形成规律的点状设计手法来创造新颖、别致的建筑造型（图 4-3）。

图 4-2 2010 上海世博会丹麦馆

图 4-3 中钢国际广场 MAD 建筑事务所

任务二　建筑艺术造型设计元素中"线"的视觉表达与运用

一、线的设计特性

何谓线？

在艺术造型设计中，线是相对细长的形或形体。

在建筑中的柱子、栏杆、窗格等构件元素，处处都表现为线性特征。在空间设计时，轴线是一个假想的线，在轴线控制中的各个要素则服从于轴线对称布局或有规律地进行规划安排。

线具有宽窄、粗细、长短、曲直、方圆、动静、横竖和刚柔等不同形态、不同力感等视觉特点。

线在视觉上具有方向引导、分割、轮廓等作用。线既是形成建筑设计造型的轮廓线，又是其建筑内部各种装饰和表现作用的线条，不同线性的相互配合构成了异彩纷呈的建筑艺术形象。建筑大师安藤忠雄的成名代表作《光之教堂》（图4-4），因其在教堂一面墙上设计开了一个十字形的洞而营造了特殊的光影效果，而阳光便从墙体的水平垂直交错线型开口里照进来，从而体现一种神圣、清澈、纯净和震撼并由此获得了由罗马教皇颁发的20世纪最佳教堂奖。

1. 直线的设计特性

垂直线具有一种刚硬、崇高向上的严肃感，是力量与强度的一种表现，如哥特式教堂的线性运用向上升腾的柱子及轻灵的垂直线直贯全身，这种具有强烈向上动势为特征的造型风格充分表达了灵巧、上升的力量及教会弃绝尘寰的宗教思想。

水平线具有开阔、舒展的平衡感。水平线与垂直线相交时能有效抵消垂直线所形成的方向感和长度感，如我国木结构的梁、枋、柱、斗拱等的特征就是横竖交织所给人一种力的平衡感。

斜线具有不安定、动态感和方向感特性。一条斜线是不均衡的，当两条斜线交叉时，这种不均衡感会被削弱。中国国家奥林匹克中心的主体育场"鸟巢"的设计正是运用斜线的交叉组合，创造出奇妙、典雅的建筑形态（图4-5）。

2. 曲线的设计特性

曲线具有飘逸、圆满、连贯、婉转流畅而富有运动感和旋律感，在景观环境、雕塑中运用较多。在建筑创作中，曲线形式的应用丰富了建筑造型词汇，创造了与传统建筑的静态意识相区别的空间意识形态，具有强烈动感和生命感的建筑作品。

图4-4　光之教堂　安藤忠雄

图 4-5　中国国家奥林匹克中心主体育场　赫尔佐格、德梅隆

二、线的造型设计意图

（1）运用垂直线条的造型特征，强调建筑形象的飘逸向上的挺拔感。如美国建筑师约翰逊设计的匹兹堡平板玻璃公司大厦，运用富有变化的直线框架，综合考虑建筑物所处的具体位置、建筑背景等因素，创造出富有时代感的新颖建筑形象。

（2）运用水平线条的造型特征，突出建筑形象的开阔舒展的平衡感。

（3）运用曲线条的造型特征，创造建筑形象的柔美流动的韵律感。如出自西班牙建筑师安东尼奥·高迪的建筑设计作品米拉公寓，在设计上大量运用波浪形的曲线外观造型，创造出极富动感的建筑形象（图 4-6）。

图 4-6　米拉公寓　安东尼奥·高迪

（4）通过线的组合表达建筑的设计意图。著名美籍华裔建筑师贝聿铭设计的苏州博物馆新馆，汲取了中国传统建筑中线条组合运用的精华，从而营造出具有江南水乡韵味的建筑造型（图4-7）。

图 4-7　苏州博物馆　贝聿铭

任务三　建筑艺术造型设计元素中"面"的视觉表达与运用

一、面的设计特性

何谓面？

在艺术造型设计中，面是相对较大而薄的形或形体。

建筑中的面一般包括墙面、地面和顶面等界面，一般情况下，建筑中的各个界面要素都是相互联系与统一的，面的表面特征，如材料、质感、色彩以及虚实等因素，都是建筑设计的关键要素。

建筑中的面具有平面、折面、曲面等类型。

1. 平面的设计特性

平面具有一种平整和庄严感。

2. 折面的设计特性

折面具有一种紧凑和运动感，规整中有变化，曲折中有规律。

3. 曲面的设计特性

曲面具有一种变化性与动感，使建筑更加流畅生动，在整体环境中脱颖而出。

二、面的造型设计展示

1. 面的图案化生成

在建筑界面设计中，图案的有机运用，使建筑充满清晰的美感个性。

2. 面的虚实对比设计

在建筑界面设计中，密集的点或线形成虚面，面的虚实对比设计运用，使建筑具有隔而不断的通透灵气。

3. 面的凹凸对比设计

在建筑界面设计中，面的凹凸对比设计运用，使建筑具有起伏变化，增加建筑外表的层次感和错落感，具有立体感和雕塑感（图 4-8）。

图 4-8　2010 上海世博会韩国馆

任务四　建筑艺术造型设计元素中 "体" 的视觉表达与运用

一、体的设计特性

何谓体？

在艺术造型设计中，体是相对较大的形体。

一件家具，一栋建筑都是一个个立体形态。

体积感是体表达的根本特征，在建筑设计中经常利用体积感来表示雄伟、庄重、稳重等视觉效果。古代的宫殿总是用巨大的体量来表示君王的威慑力，也常表示对英雄或丰功伟绩的纪念，唤起人的重视、敬仰的感情。

建筑形态中常见的基本形体有立方体、长方体、圆柱体、棱锥体和圆球体等。建筑形态常采用一种规律的几何形体，复杂的建筑形态也多由几种几何体变化组合而来。

1. 长方体造型的设计特性

立方体由 6 个正方形面组成的正多面体，具有严整、规则的静态感。长方体给人以舒展感，而垂直长方体则表现为强烈的上升感。如美国著名的建筑师密斯·凡·德罗设计的纽约西格拉姆大厦，大厦主体现为竖立的长方体，大楼的幕墙墙面直上直下，整齐划一。整个建筑的细部处理都经过慎重的推敲，简洁细致，突出材质和工艺的审美品质。大厦的设计风格体现了密斯·凡·德罗一贯的主张，那就是基于对框架结构的深刻解读，发展出一种强有力的建筑美学，即用简化的结构体系，精简的结构构件，讲究的结构逻辑表现，使之产生没有屏障可供自由划分的大空间，完美演绎"少即是多"的建筑原理，被认为是现代建筑的经典作品之一。

2. 锥体造型的设计特性

棱锥造型和圆锥造型具有稳定的状态，具有强烈的上升感，如建于 4500 年前的埃及金字塔，是用巨大石块修砌成的方锥形建筑，规模宏大、气势雄伟。著名美籍华裔建筑师贝聿铭设计的法国巴黎卢浮宫玻璃金字塔（图 4-9）。

3. 柱体造型的设计特性

圆柱体造型简明而清晰，是建筑中比较常用的一种形体，如位于意大利的比萨小镇的比萨斜塔，建于 1173 年，是在借鉴前人建筑经验的基础上，独立设计并对圆形建筑加以了发展，形成了独特的比萨风格。位于意大利首都罗马市中心威尼斯广场的东南面古罗马斗兽场，是古罗马帝国和罗马城的象征，是罗马古迹中最卓越、最著名的代表，斗兽场平面呈椭圆形，占地约 2 万 ㎡，外围墙高 57m，在建筑史上堪称典范的杰作和奇迹，以庞大、雄伟、壮观著称于世（图 4-10）。

4. 球体造型的设计特性

球体造型象征饱满、团圆和凝聚力量。我国国家大剧院是由法国设计师保罗·安德鲁设计的一座坐落在水池中的钢结构壳体呈半椭球体造型建筑，宛如湖中明珠，位于北京市中心天安门广场西，其造型新颖前卫，构思独特，是浪漫与现实的完美结合（图 4-11）。

图 4-9　法国巴黎卢浮宫玻璃金字塔　贝聿铭

图 4-10　古罗马斗兽场

图 4-11 中国国家大剧院 ［法］保罗·安德鲁

二、体的造型设计创意

1. 建筑形体的切削造型设计

建筑形体的切削造型设计，即在建筑设计中，对建筑形体按设计意图进行切削而创造出的建筑设计创意。如加拿大多伦多里奇蒙 60 号合作式住宅的设计，是在长方体造型进行切割处理的非凡的建筑设计作品。

2. 建筑形体的变异造型设计

建筑形体的变异造型设计，即在建筑设计中，对建筑形体按设计意图进行旋转、扭转等变异而创造出的建筑设计创意。如位于加拿大密西沙加市梦露大厦，是建筑设计师马岩松主持设计的，其建筑形体设计进行了不同角度的旋转变形及着夸张的流线造型而在 2006 年国际建筑设计竞赛中赢得设计权（图 4-12）。

3. 建筑形体的体块组合造型设计

建筑形体的体块组合造型设计，即在建筑设计中，对建筑形体按设计意图进行体块组合重构而创造出的建筑设计创意。

图 4-12　梦露大厦　马岩松

任务五　建筑艺术造型形式美的表达与运用

形式美的表达与运用作为设计师的职业本能，其过程与方法一直处于演变之中，不同的艺术素养从设计初期的构思到设计作品的实施均传达出设计师不同的表现气质与意境，同时更凝聚了设计师的知识、精神、智慧和力量。

一、重复的力量

重复是指设计中一个形体或形象出现两次以上的有规律的组合形式。具有强烈的秩序性和理性特征，具有突出主题，加深形象，庄严、肃穆的作用。当代社会，建筑的视觉表现特征得到了前所未有的展示，伴随着建筑的表皮设计倾向和图像化设计倾向，建筑在重复设计策略下形成的强烈视觉冲击和媒介特征，正越来越得到设计师的重视，使得重复设计策略在当代建筑创作领域形成了比较成熟的应用及表现形式。

重复作为组织和表现建筑的一种手段，几乎出现在一切建筑中，主要表现在构件的重复，装饰的重复、门窗的重复、内部空间和布局上的重复等。中国传统建筑就是"单元空间重复与组合"这一理论在实践中最精彩的实例。中国传统建筑的基本单元是一组围绕一个中心空间（院子）而组织构成的四合院。建筑群则是以这样"一院一组"为基本单位前后左右不断重复拼接而成。中国建筑不是以强调个体的宏伟来达到艺术的目的，而是通过空间的重复与有机的组合来获得奇妙的时空感受。行进的过程就是时空转换及体验的过程，在体验中引发思想情感上的艺术共鸣。

中国国家游泳中心"水立方"，澳大利亚PTW事务所在方案理念上紧扣水这一主题，将建筑设计与结构设计融于一体，不仅利用水的装饰作用，还利用其独特的水分子结构的几何形状微观结构特征通过不断重复的设计方式赋予到建筑外部形态上，表面覆盖的ETFE膜又赋予了建筑冰晶状的外貌，形成"水立方"建筑独特的外部形态，使建筑具有更生动的细部和更直观的意向表达（图4-13）。

二、韵律的美感

韵律是一种和谐美的格律，"韵"是一种美的音色，"律"是一种规律，它要求这种美的音韵在严格的旋律中进行。韵律在建筑结构设计中的应用形式，一般有连续的韵律、渐变的韵律、起伏的韵律、旋转的韵律、等差的韵律、等比的韵律和自由的韵律等，产生出强烈的美的魅力。

图 4-13　中国国家游泳中心"水立方"　［澳］PTW 事务所

古今中外的建筑，不论是单体建筑或群体建筑，乃至细部装饰，几乎处处都有应用韵律形成的美感。因而把建筑比喻为"凝固的音乐"。万里长城那种依山傍水、逶迤蜿蜒的律动，按一定距离设置烽火台遥相呼应的节奏，表现出矫健雄浑、宏伟壮阔的飞腾之势，富有虎踞龙盘、豪放刚毅的韵律之美。古罗马大角斗场拱与拱的重复，古希腊神庙优美的廊柱，哥特式教堂尖拱和垂直线的重复，北京的天坛层层叠叠、盘旋向上的节奏，都具有韵律的美感。

宋代韩拙《山水纯全集》中说："天地之间，虽事之多，有条则不紊；物之众，有绪则不杂，盖各有理之所寓耳。"井然有序的物体排列，自有一种优美的韵律。

三、尺度的把握

比例是指物象局部本身和整体之间大小、长短、高矮的匀称关系。比例是物与物之间的关系，而尺度是人对物的视觉与真实之间的比例关系。尺度是对量的描述，在建筑设计中，建筑尺度是研究建筑物的整体和局部给人感觉上的尺寸和其真实尺寸之间的关系，而人是建筑尺度最主要的参照物（图 4-14）。

　　建筑的比例和尺度是直接关系建筑的美观并与适用和经济也有直接的关系，尺度因量的差异，可以表达雄伟宏大、朴实亲切、细腻精致等不同的美感。

　　故宫建筑是为体现帝王的政治权力而服务的，整个建筑群体现了封建宗法礼制和象征帝王权威的精神感染作用。因此，故宫的精神作用要比其实际使用功能更加重要。为了体现故宫宏伟庄严、巍峨崇高的气氛，整个故宫的尺度做得很大，给人以崇高的尺度感。

　　现代建筑主义大师密斯·凡·德罗曾经说过："建筑的永恒真理是秩序、空间和比例。"合理、优美的比例及适当的尺度是影响作品的重要参数，"增之一分则长，减之一分则短"，是设计师通过不断推敲和调整要追求的理想状态，设计人性化的建筑，创造既有优美愉悦的比例，又有简约合宜的尺度的建筑。

图 4-14　人是建筑尺度最主要的参照物

四、肌理的展现

材质是指物体的组成及其性质，如砖、木、石等。任何造型活动需通过材质来表现，缺少材质则造型无法实现。肌理是指物体表面的组织纹理结构，是人对设计物表面纹理特征的感受，属于视觉与触觉的范畴。如古代壁画、雕塑因时间久远而呈现的古朴斑驳的美感。材质与肌理互为表里，是物象一体的两面，密不可分，各种材质通过肌理来表现面貌与特性。艺术史家潘诺夫斯基曾说："当我们陶醉于沙特尔教堂中风雨剥蚀的塑像时，会情不自禁地把这些塑像的斑驳和娴熟的塑造手法同样地当做审美价值。"

肌理是人们认识物质最直接的媒介，这种具有肌理视觉特征的立面设计趋势在为当代建筑立面提供新的系统设计途径的同时，也成为人们从新角度更好地理解与阐释当代建筑立面所要表达信息的最直接的媒介。在具体的表现上，肌理不仅是一种塑造形体、表达质感的手段，而且可以成为创造者一种苦心经营的视觉元素，成为具有独立价值的审美对象。如上海世博会波兰馆融合了波兰传统民间剪纸艺术和现代时尚元素，立面就是采用了重复构成的肌理设计手法（图4-15和图4-16）。

图4-15　2010上海世博会波兰馆（一）

图 4-16　2010 上海世博会波兰馆（二）

五、细节的处理

设计要寻求最佳的表达方式，要考虑到各种因素，要把自己内心的设想转换成观者以可视化的视觉语言，决定一个设计作品质量的一个重要的标准就是它细节的处理。艺术的概括及典型塑造，都会一一体现在如字体的选择、色彩的处理、形状的大小等细微差别。设计如果粗糙，便会失去魅力。

建筑细部同时也能反映建筑的工艺水平，不同的细节决定了不同的机会和境界，做好建筑设计中的细节处理，有利于我们今后创作出更具有特色的优秀实践作品。建筑设计中细节的考虑，是建筑设计师的责任所在。任何一个伟大的建筑都是由许许多多细节所构成的；而对任何一个细节的忽略，都有可能造成建筑作为一个作品的永久缺憾。

建筑细部还能够表现建筑文化的一些特征。任何一个小的部分能够折射出整个文化。中国古代建筑中，往往一个有代表性的彩画的局部或是斗拱的做法，就能看到整个建筑的文化特征。再如住宅设计中，一些有特点的开窗与阳台的做法往往能够反映整个小区的建筑文化取向，甚至对住户的生活产生一定程度的影响。因此，建筑师有意识地运用一些典型细部设计，有助于创作出具有鲜明文化特征的建筑作品，丰富与发展当代建筑文化。

建筑细部能反应建筑的时代特色。建筑细部可以表现当前时代的建筑技术。回顾建筑历史，在中国最早能够体现建筑技术的细部可能就是榫卯结构。这种最早被发现于河姆渡遗址中的节点，伴随了整个中国木结构建筑的发展进程。可以说没有榫卯结构这个细部，就没有整个中国木构建筑的历史。人类各个不同历史时期的建筑，由于受技术条件、建筑材料、历史文化等制约，均能在建筑细部上找到建筑的时代特色。

注重细节不仅能造就成功的建筑师，而且往往会造就出伟大的建筑师。伟大的建筑师密斯·凡·德罗强调，一个"建筑设计方案无论如何恢弘大气，如果对细节的把握不到位，就不能称之为一件好作品。细节的准确、生动可以成就一件伟大的作品，细节的疏忽会毁坏一个宏伟的规划"。而大师在设计实践中也是亲力亲为，一丝不苟。他在设计每个剧院时，都要精确测算每个座位的不同音响感受和视觉感受，甚至一个座位一个座位地去亲自测试和敲打，根据每个座位的位置测定其合适的摆放方向、大小、倾斜度和螺丝钉的位置等。建筑大师贝聿铭在对细节的关注也很执着，他在设计每一个建筑作品时，都会对其中每一个细节，包括对每一棵树的树种、草皮、山石的大小、位置的处理，以及对原生态的保护都会反复进行推敲试验，直到满意为止。

建筑细部设计是建筑建造过程中对其形态营造与技术构成的最真实体验，是建筑技术的精髓所在，是建筑建造与创作表达的必然结合。细部设计有助于更全面地表达建筑师的设计意愿和理念，出色的细部设计，能够充分地体现材料与构造的工艺水平，也能够有效地提高建筑设计质量，更有助于创作出具有鲜明文化特征的建筑作品，丰富与发展当代建筑文化和审美价值。

六、仿生的探寻

仿生造型是从自然界、生物界的力学特性、结构关系、材料性能中获得启示和灵感，经过夸张、简化、变形和重组等创新的设计作品。仿生建筑是探寻自然界、生物界的功能结构和形态构成规律及原理，结合建筑自身特点从而进行对性能、结构、布局和形态等元素的效仿、创新的建筑体。

建筑仿生学认为，自然界为建筑师提供了丰富的创作原型，如水珠自由抛物线形的表面，蛋壳薄壁高强的曲线外壳、树叶叶脉的交叉网状支撑等都对建筑结构创新有重大启发。人类在建筑上所遇到的问题，自然界早已有相应的解决方式。科学技术的每一次重大的进步与发展，如机械、航空技术等，几乎都和人类对自然界事物构成原理探索的重大突破有关。

德国建筑师特多·特霍斯特从生物的机能中获得启发，根据向日葵的生态原理设计出欧洲第一座由计算机控制的太阳跟踪住宅。它像向日葵花一样，使房屋迎着太阳缓慢转动，始终与太阳保持最佳角度，使阳光最大限度地照进屋内，以充分利用太阳能。

建筑仿生的意义既是为了建筑创新，同时也是为了与自然生态环境相协调，遵循和尊重自然界的规律，保持生态平衡。

丹麦建筑师约恩·伍重通过模仿生物的形态来实现建筑与环境的有机融合，使人浮想联翩，富有极强的视觉冲力。他所设计的悉尼歌剧院是澳大利亚悉尼城市的标志性建筑。悉尼歌剧院位于悉尼大桥附近的一个奔尼浪岛上，在阳光照映下，远远望去，既像竖立着的贝壳，又像几艘巨型白色帆船，飘扬在蔚蓝色的海面上，与周围景物相映成趣（图4-17）。

图4-17 悉尼歌剧院 约恩·伍重

◼ 知识拓展（建筑大师——密斯·凡·德罗）

密斯·凡·德罗（Ludwig Mies van der Rohe 1886 — 1969）

密斯·凡·德罗，德国建筑师，20世纪中期世界上最著名的四位现代建筑大师之一。

密斯·凡·德罗的贡献在于通过对钢框架结构和玻璃在建筑中应用的探索，发展了一种具有古典式的均衡和极端简洁的风格。

密斯相当重视细节，"细节就是上帝"。密斯也特别重视将自然环境、人性化与建筑融合在一个共同的单元里面，在处理手法上主张流动空间的新概念。由他所设计的郊外别墅、展厅、工厂、博物馆以及纪念碑等建筑均体现了这一点。与此同时，密斯也重新定义了墙壁、窗口、圆柱、桥墩、壁柱、拱腹以及棚架等方面的设计理念。

密斯提出的"少就是多"（less is more）的理念，"少"不是空白而是精简，"多"不是拥挤而是完美。建立了一种当代大众化的建筑学标准，这集中反映了他的建筑观点和艺术特色，也影响了全世界。他在自传中说道："我不想很精彩，只想更好！"

代表作品有巴塞罗那世界博览会德国馆，捷克波尔诺图根哈特别墅，纽约西格拉姆大厦，柏林新国家美术馆等。

项目五

建筑艺术造型的色彩表现

PROJECT FIVE

▶ 项目目标

通过该项目的学习，掌握建筑艺术造型设计色彩的功能、情感、色调、对比与统一的表达与运用，提高设计者的对色彩视觉表现形式的创造性思维能力。

▶ 项目相关知识

何谓色彩？

色彩其实是一个"色"与"彩"的集合概念。"色"是指具有不同相貌的个体色相信号。如红色、黄色、蓝色、绿色和灰色等，也可以再形象贴切一点，如柠檬黄、橘黄、玫瑰红、珍珠白和煤黑等。而"彩"则是指这些不同单一色相的集合样态，即多种色相共存并置，相互交映的表象，并刺激我们的视知觉而生成生理与心理的综合感受。如暖调、冷调、亮调、灰调和暗调或艳丽调、淡雅调、温馨调、古朴调、深沉调和明快调等印象感受。

色彩这个词语，是一个色与彩之间的个体元素与元素组合的关系，正如"音乐"这个词汇，音是音符，乐是乐曲。

色彩设计是指对各个色相属性进行按照美的规律进行的色彩组合及表达的情感。

科学揭示了色彩的奥秘，技术为色彩的表现提供了物质媒介，而艺术设计则运用科学、技术的力量，把握色彩的魅力，为人类营造美的色彩环境。

建筑色彩设计是从多方面发掘色彩的表达潜力，把色彩的运用同具体的建筑环境、建筑内容以及各种形式因素结合起来进行整体的建筑色彩设计（图5-1）。

一、色彩的主要功能

1. 识别与传达各种信息

万物有形有色，色虽依附于形而存在，但色却具有先声夺人的效能。由此，各国或地区法定或公众认定的标准色、象征色和警戒色等具有通识意义的色彩所具有的信息识别及传达功能。如生活环境中我们熟悉的交通指示系统的红绿灯，消防灭火器具的红色、邮政设施的绿色等色彩。

20世纪70年代，矗立在巴黎市区的蓬皮杜中心就是一个巧妙应用色彩功能识别与传达信息的设计案例。这个庞大的建筑物为求内部空间的完整以及最大的容积，将通常

图 5-1　色彩的运用

隐藏的功能设施管道系统等裸露在外，并进行红、黄、蓝和绿等鲜明的色彩涂装，同时所用之色各有定义：空调系统是蓝色，水源管道是绿色，电梯电动扶手是红色，供电设施是黄色，通风管道是白色，屋顶篷盖是灰色。整个建筑物缤纷艳丽，美观悦目。每一种色彩，既是色彩美的构成元素，又是便于识别各功能系统装置的标示。

再如巴黎的地铁，沿线停靠点上的一个个站台，尽管站台的建筑形态和设备装置都

是标准化的同一模式，但设计成为各不相同的"色彩识别编码"，不同的站台给予不同的配色设计，处理成红、黄和蓝等不同色调，让乘客从起点站到终点站体验不同色调的印象记忆。尤其对有语言障碍的外国人而言，也是一个很亲切的设计，因为色彩的识别远比不熟悉的字符更令人容易识别和记忆。对于本地乘客而言，即使睡意朦胧或人声嘈杂而只要向窗外一瞥，就能凭色彩的印象轻易地识别出是否已经到达了目的地。

2. 美化作品造型，传达出人类审美取向及情感

建筑由于受到功能、造价等因素的制约，它的造型不一定能完全实现建筑师的设想，可能会显得单薄、平淡，但只要进行色彩上的调节，重新定义一些装饰细节的形状，就会弥补造型的不足，进一步美化建筑的造型设计，传达出人类审美取向及情感。如有些建筑外墙采用普通水泥砂浆罩面，整个外立面可能会显得黯淡，那么采用鲜艳的色彩进行色彩调节设计，那么就会使灰色外墙和鲜艳的、细节的装饰点缀设计相得益彰，创造一种宁静而生动，沉稳而又有活力的建筑设计作品。如意大利佛罗伦萨圣母之花大教堂与印度米纳克神庙的色彩运用，营造出不同的色彩印象，圣母之花大教堂静美肃穆令人敬仰，米纳克神庙热情涌动令人向往。

著名色彩专家伊奈德·维雷迪在《色彩学》（1980年出版）中说："没有人知道人类对色彩的热爱从何时开始，但所有的考古研究都证明，从历史有记录开始，色彩就不断在不同的文明中得到重生。如出土非洲、大洋洲、亚洲等地的各种文物彩饰。"

3. 调适人的心理、生理状态

色彩也是调节人们的审美情感和心理、生理状态的触媒语言，影响着人们的健康、情绪和行为。在色彩的应用与开发领域中做出卓越贡献的学者且具有开创性的人物，一位是艾德温·巴比特（Edwin Babbitt 1828—1905），另一位是菲巴·比伦（Faber Birren 1900—1988）。

艾德温·巴比特在1878年出版的专著《光线与色彩的原理》(The Principle of Light and Color)，在书中他积极推广"色彩治疗法"，例如将新生重症黄疸病婴儿发在蓝光下进行治疗，就是一个典型的色彩疗法例证。

菲巴·比伦一生从事"色彩与人类反应"课题的研究，撰写专著多达25部，其中以1978年出版的《色彩与人类反应》(Color and Human Response)影响最大，书中从生物学、视觉论、美学、心理学等多种视觉展开，紧扣色彩与人类反应及对于生命现象的影响力，强调了诸如住宅、办公空间、学校和医院的色彩应用技术，有效维护身心健康。对于从事建筑设计、室内设计、工业设计的设计人员来说，是一部宝贵的参考文献。

随着种种对色彩效能的证明、实验和发现，色彩是影响我们健康、情绪和行为的重要环境要素之一。例如，海恩纳·爱特尔在慕尼黑进行了有关环境色对学校儿童作用的研究。在他的研究中处在室内色彩黄色、黄绿色、橙色和淡蓝色环境中比处在白色、黑色和棕色的环境中对儿童的智力有一定的提高，显得更为活跃与敏捷。

4. 营造宜人的环境氛围

色彩在环境艺术中占有十分重要的地位，它是环境艺术的重要视觉元素。要掌握色彩的重要特性及色彩的配置关系，色彩与造型的形、质关系，综合考虑色与光、色与色之间的相互关系。综合考虑建筑所处的地域文化、功能目的、民族传统等因素进行色彩设计，让环境通过色彩等视觉元素，来传达环境的信息与情感，根据建筑所传达的不同的信息与意义做整体规划，应用色彩的特性来为建筑所传达意义服务，创造出具有某种思想情感的环境氛围，陶冶人们的情操。历史上有许多经典的建筑环境艺术，其色彩的运用更是独具匠心，如威武壮丽的宫殿建筑环境、肃穆幽深的陵墓建筑环境、宁静深邃的古刹寺院建筑环境、高雅清秀的园林建筑环境和雄伟庄重的纪念性建筑环境等。

构建一个城市的特色形象，塑造一个城市的个性文化，建筑色彩的运用尤其重要。每个建筑都有色彩，城市建筑色彩与城市历史一样悠久，由于各个时期城市建筑色彩的留存，其色彩也便被赋予了城市的历史、文化乃至灵魂，使城市的历史与文化得以传承，诉说着属于它们所处时代的文化特征。如北京的紫禁城建筑叙说着中国封建社会皇权至上的威严，上海的外滩建筑透视着国际金融资本涌入的历史，苏州的民居，白墙、黑瓦，在青山绿水的映衬下，独具江南特色。我们必须持以严谨的态度，处理好城市建筑色彩的历史与现在的沿承。一个城市从单个建筑到建筑群落乃至整个城市，都应对建筑色彩进行合理的分析和科学的规划，注重本土文化和本土色系的提炼，既要有鲜明的本土特色，又要搭配合理。建立和谐的城市建筑色彩环境，不仅是城市经济文化繁荣的体现，也是城市文明程度和人居环境质量的反映。

二、色彩本质

何谓色彩的本质？

色彩的本质是一种电磁波。

人能够感知色彩是因为人的眼睛能摄取光，光是色彩存在的原理。我们使用的颜料、涂料等，事实上都只是与光谱中某种特定波长的色光所对应的显色物质。

许多研究光和其他电磁辐射形式的实验显示，电磁辐射的能量是通过波来传递的。

电磁波的数学理论最先由物理学家麦克斯韦（James Clerk Maxwell 1831—1879）建立，他不仅发现了光是一种电、磁间的能量震荡，同时认为应该还有频率高于光和低于光的其他电磁波存在。1888 年，物理学家赫兹（Heinrich Rudolph Hertz 1857—1894）的实验证实了麦克斯韦的预测，他检测到了低频电磁波，也就是现在人们熟悉的无线电波，这种波也是电磁光谱中的一部分。

在可见光光谱与广域电磁波能领域，以毫微米为单位，波长在 780 ～ 380nm 之间，为我们感到丰富无比的可视光，仅仅是其间的一部分。由此可见，色彩是一种视知觉，是光作用于眼睛的结果。在可见光谱区域的以外的更为广阔的领域内，是人眼观察不到的种种电磁波，统称为不可视光，如紫外线、X 光射线、伽马射线、红外线、雷达波、无线电波等，在科技发达的时代我们却能使我们切实地感受到它的能量。

在对于可视光的研究中，英国的科学家牛顿在 1666 年的色彩实验表明：借助于棱镜，他把太阳白光通过折射作用不仅能分解为具有红、橙、黄、绿、青、蓝、紫等七色不同光谱色相的光线，同样也能够通过折射再度聚合为白光。由此牛顿设想，把线性的光谱带两端连接在一起，形成中心聚合还原为白色的七彩色环，这是最早的以色相环模式解析色彩关系的理论。

1961 年著名艺术理论家伊顿（Johnes Itten 1888—1967）专著《色彩的艺术》出版，正式建立起伊顿系统的色彩体系，对现代色彩教育起着关键性的影响。

伊顿首先以色彩的三原色——红、黄、蓝，混合出三间色——橙、绿、紫。再将这六种色彩在相邻色两两混合，混出红橙、橙黄、黄绿、蓝绿、蓝紫、紫红等六色，共得到 12 种色彩组成色相环，与光谱色彩相同，补色相对，便于理论上的推演，是学习色彩体系的基本方法。

三、色彩要素

色彩的三要素即色相、明度和纯度。

1. 色相

色相即色彩的具体相貌。

如红色、蓝色、柠檬黄和玫瑰红等。

2. 明度

明度即色彩的明暗程度。

在无彩色系中，明度最高是白色，明度最低是黑色，在白、黑之间存在一系列的不

同明度的灰色。在有彩色系中，因为每个色相的波长不同，视觉感受的明暗程度也不同。最明亮的是黄色，最暗的是紫色。

3. 纯度

纯度即色彩的鲜艳程度。光谱中的红、橙、黄、绿、青、蓝、紫等都是高纯度的色彩。当任何一种色彩加入黑色、白色、灰色或互补色彩时，都会降低它的纯度。色彩混合越多，纯度越低。

任务一　色调表达

何谓色调？

色调是指以主色和其他色的组合、搭配所形成的画面色彩关系，即色彩的总的倾向性，是多样与统一的具体体现。

色调从画面色彩的构成作用来说，是起统率和支配作用的，所有色彩均受其统调。围绕主色调配置与调整色彩，可以避免色彩的零乱、纷杂、不和谐，因此对于艺术设计与绘画创作而言，主色调的形成是一个十分重要的环节，决定着组织色彩的总体意图。形成色调的过程就是对丰富变化统一的色彩进行有序的、有规律的整合的过程。

色调变化一般可以根据色彩的三要素和冷暖关系来界定与区别。如从色彩的色相上可划分黄色调、蓝色调和紫色调；从明度上可划分为亮调、中间灰调和暗调；从纯度上可划分为高纯度调、中纯度调、低纯度调和鲜灰色调；从色性上可 分为冷调与暖调；也可从色彩的意蕴和象征来界定与区别出欢快的色调与悲伤的色调、抒情的色调与沉郁的色调、华丽的色调与朴素的色调等。

色调的偏爱跟年龄、职业、修养与民族等因素存在关系。文化素养较高和脑力劳动者偏爱素雅、深沉的冷色调；司机、炼钢工人等由于他们工作中整天接触纷乱、热烈的颜色，回家后宜处在淡雅的冷色居室中，得到充分的视觉休息和情绪放松，以便消除疲劳；医生工作时接触单色太多，其居室布置应该用暖色调和对比色调。

建筑环境工程中的室外环境，面积对色彩的效果影响极大，色块越大，色感越强烈。一般情况下在小块色板上看来很清淡的色彩，一旦涂到墙面上可能会使人觉得鲜明和浓重。在建筑上使用颜色，除小面积以浓重鲜明的颜色作点缀外，一般应降低彩度，否则难以获得预期的视觉效果（图5-2和图5-3）。

图 5-2　红色调设计

图 5-3　黄绿色调设计

任务二　色彩印象

一、色彩的含义和象征性

人们对不同的色彩表现出不同的好恶，和人的年龄、性别、性格、职业、素养、民族、生活经验和时代等因素有关。例如，看到黄绿色，联想到植物发芽生长，感觉到春天的来临，于是把它代表青春、活力、希望、发展与和平等。人们对色彩的这种由经验感觉到主观联想，再上升到理智的判断，既有普遍性，也有特殊性；既有共性，也有个性；既有必然性，也有偶然性，因此我们在进行选择色彩作为某种象征和含义时，应该根据具体情况具体分析。

二、诠释色彩特性

1. 红色

红色，热情喜庆，是可见光谱中波长最长的色彩，它纯度高、注目性强、刺激作用大。康定斯基说："红色是一种冷酷地燃烧着的激情，存在于自身的一种结实的力量"。

红色在我国代表喜庆，传统的婚娶喜庆，红喜字、红灯笼、红对联、红盖头、红嫁衣、红轿子等，表现为热闹、艳丽和吉祥。中国传统文化中常用红色表示女子，如"红袖""红颜""红楼""红妆"等词汇。中国的建筑色彩里朱红色象征着富贵与权势。

红色在我国又象征革命，如国旗、红领巾等，在红色的感染下，人们会产生强烈的战斗意志。在安全用色时，红色是警告、危险、防火、停止的指定色，如消防车的色彩、急救的红十字、警车的警灯、交通停止信号灯等。

红色的这些特点主要表现在高纯度时的效果，当红色加黑变为深红色时，代表稳重、庄严，如舞台的幕布、会客厅的地毯等。当其明度增大转为粉红色时，就戏剧性地变成温柔、顺从和女性的性质。红色最能刺激和兴奋神经系统，但接触红色过多时，会产生焦虑和身心受压的情绪，容易使人感到疲劳，所以在寝室或书房应避免使用过多的红色。

2010年上海世博会中国国家馆主体造型雄浑有力，犹如华冠高耸，天下粮仓；中国馆以大红色为主要元素，传达出喜庆、吉祥、欢乐、和谐的情感，展示着"热情、奋进、团结"的民族品格（图5-4）。

2. 橙色

橙色，活力温馨，是丰收之色，使人联想到自然界硕果累累的金秋景象，有充实、饱满、成熟之感。

图 5-4　2010 上海世博会中国馆

　　橙色是暖色系中感觉最暖的色彩，常表现为温暖、甜蜜、温馨等意象。这种色彩可以令人产生活力，诱发食欲，适用于娱乐室、餐厅等处。

　　橙色由于易见度强，因此在工业用色时，又被作为警戒的指定色，如养路工人的工作服、建筑工人的安全帽、雨衣等。

　　被评选 2011 全球十大最佳商业建筑第一名的是位于法国里昂颂恩河边的"橙色立方体"，这座名为 The Orange Cube 的里昂隆和码头商办大楼，由法国知名建筑师事务所 Jakob + Macfarlane Architects 设计，临近码头的工业化背景，衬托了这座橙色大厦的标新立异。在这个设计中，最显著的特征无疑是橙色的建筑表皮及轻质的外表皮上刻有镂空的像素化图案，这些图案模仿了泼洒的水滴形，同时也反映了临近河流的形态。穿透性的表皮引入了自然光线，为室内外都提供了良好的视线交流，并在形式上赋予建筑独特的个性（图 5-5）。

　　3. 黄色

　　黄色，温暖醒目，在色相环上是明度最高的色彩，它光芒四射，轻盈明快，生机勃勃，具有温暖、愉悦和提神的效果，常表现为积极向上、进步、活泼、轻快、光明和高贵等意象。在古代被作为帝王的服饰、家具和宫殿等物体的专用色，象征封建帝王的权力。皇宫寺院采用黄、红色调，红、青、蓝等为王府官宦之色，民舍只能用黑、灰、白等色。

图 5-5　橙色立方体　Jakob + Macfarlane Architects

在信仰基督教的国家或地区，黄色又被认为是叛徒犹大的衣服色，是卑鄙的象征。

被誉为韩国"黄色钻石"的建筑大楼位于韩国首都最具活力和创新的地区，周围环绕几所著名大学，显得生机勃勃，充满前卫意识。为了启发未来的建筑使用者，设计师采用了别出心裁的设计，明亮的颜色和节奏使建筑充满动感，室外金黄色曲折的玻璃外墙看上去像一颗漂亮的钻石，无论从哪个方向走来，人们都会看到立面上不同的光芒的外观（图5-6）。

图5-6 韩国"黄色钻石"

4. 绿色

绿色，清新宁静，是大自然中植物生长、生机盎然的生命力量和自然力量的象征。常表现为青春、生机、朝气、希望、健康、信任与和平等意象。

歌德说："绿色给人一种真正的满足，当视线落到绿色上，心境就平静下来，不再想更多的事情"。康定斯基也认为："绿色具有一种人间的自我满足和宁静，它宁静、庄重、超乎自然"（图5-7）。

绿色在世界范围内是"和平色"，《圣经·创世纪》里提到："上古洪水之后，诺亚从方舟上放出一只鸽子，让它去探明洪水是否退尽，上帝让鸽子衔回橄榄枝，已示洪水退尽，人间尚存希望。"从此，鸽子、绿色橄榄枝就成为和平的象征。

图 5-7　2010 上海世博会巴西馆

绿色在工业用色规定中，是安全的颜色，在医疗机构场所和卫生保健行业中是健康、新鲜、安全、环保的象征，绿色食品即无污染的、天然的安全食品。绿色通道即安全通道，在交通信号中，绿色为通行。绿色由于和自然色接近也被作为国防色和保护色。

绿色建筑是指在建筑的全寿命周期内，最大限度地节约资源（节能、节地、节水、节材）、保护环境和减少污染，为人们提供健康、适用和高效的使用空间，与自然和谐共生的建筑。（摘自《绿色建筑评价标准》GB/T 50378—2006）

5. 蓝色

蓝色，冷静广阔，蓝色使人联想到海洋、天空、宇宙、极地等事物，常表现为智慧、理想、探索、永恒、珍贵、无限、遥远、寒冷等意象。

在我国古代贫民的服饰多为青蓝色，表示朴素，文人服饰用蓝色表示清高。我国传统的青花瓷中的蓝色则表现中国人沉稳内敛的民族性格。在现代，蓝色又是永恒、前卫、科技与智慧的象征。在商业设计中，强调科技，效率的商品或企业形象，大多选用蓝色当标准色和企业色。

在西方，蓝色是名门贵族的象征，"蓝色血统"就是指出身名门，具有贵族血统，身份高贵。在基督教中，蓝色是圣母玛利亚的象征。蓝色又象征着悲哀、绝望，"蓝色的音乐"即悲伤的音乐。

蓝色在色相中最冷，与最暖色橙色形成鲜明的对比。高明度的蓝色轻快而透明，低明度的蓝色朴素而稳重。

中国国家游泳中心"水立方"仿佛是一座蓝色的水晶宫，被国外媒体赞誉为"就像来自天外的幻影"。水是这个建筑的灵魂，整个建筑以水为主题，如同一个个蓝色气泡堆砌而成，梦幻般的蓝色外表宛如落入凡间的水精灵。

6. 紫色

紫色，神秘华丽，在可见光谱中波长最短、明度最低的色彩，它精致而富丽，高贵而迷人，自然界常见的有薰衣草、紫藤、紫丁香和紫水晶等。

紫色是一个神秘的富贵的色彩，与幸运和财富、贵族和华贵相关联。在中国传统里，紫色是尊贵的颜色，如北京故宫又称"紫禁城"，亦有所谓"紫气东来"。受此影响，如今日本王室仍尊崇紫色。在基督教中，紫色代表至高无上和来自圣灵的力量。犹太教大祭司的服装或窗帘、圣器，常常使用紫色。天主教称紫色为主教色。紫色代表神圣、尊贵、慈爱，在高礼仪教会（如天主教），会换上紫色的桌巾和紫色蜡烛。

瑞士色彩学家约翰斯·伊顿描述："紫色神秘，给人印象深刻，有时给人以压迫感，有时产生恐惧感，在倾向紫红色时更是如此"。

偏红的紫色，华贵艳丽；偏蓝的紫色，沉着高雅，常象征尊严、孤傲或悲哀。紫色的特性常表现为优雅、高贵、神秘、浪漫、娇媚、暧昧、奢靡、自私和妒忌等意象。

7. 白色

白色，孤傲纯净，白色的特性常表现为神圣、清白、卫生、纯粹、光明、失败和恐怖等意象。

白色适合与各种色相配合，它高雅、明快，沉闷的色彩一经加上白色，立刻就会变得高雅，并能增强其感染力。建筑设计上著名的有印度泰姬陵（图5-8）、法国朗香教堂、罗马千僖教堂、希腊岛屿Orthodox钟塔等建筑的白色墙体就是运用白色与光影的完美演绎，承载着人们的希望、梦想和信仰。

现代建筑中白色派的重要代表，美国著名建筑师理查德·迈耶说："白色是一种极好的色彩，能将建筑和当地的环境很好地分隔开。像瓷器有完美的界面一样，白色也能使建筑在灰暗的天空中显示出其独特的风格特征。雪白是我作品中的一个最大的特征，用它可以阐明建筑学理念并强调视觉影像的功能。白色也是在光与影、空旷与实体展示中最好的鉴赏，因此从传统意义上说，白色是纯洁、透明和完美的象征。" 其代表作是密执安州的道格拉斯住宅，也是白色建筑与绿色背景结合的完美典范，绿色的背景使白色建筑的造型更为突出，纯净清新，两者的结合构成了一幅优美的风景画。虽由人做，宛自天开。

图 5-8　印度泰姬陵

8. 黑色

黑色，静谧深邃，看到黑色，联想到黑夜、丧事中的黑纱等事物，从而感到神秘、绝望等意象。黑色也表现出一种刚毅、力量和勇敢的精神。

在设计中，摄影大师用黑色表现画面张力，时装大师用黑色表达造型，而建筑大师用黑色塑造空间。黑色让我们在这一件件伟大作品的面前经受一次次视觉的强烈冲击的同时，感受着黑色的静谧、深邃和神秘，更深层次的体会大师传递的精神实质。

乌德勒支大学校园中矗立着众多建筑大师的作品，新建的图书馆由新锐建筑师维尔·阿雷兹设计，黑色调的建筑外立面细腻而简洁，不仅能感受黑色建筑坚强有力却又不失优雅的造型，既与校园的宁静氛围相符，又与图书馆建筑的气质吻合，既给人以强烈的视觉冲击力，又让人充满冥想的力量。

黑与白这质朴的色彩同时也是传递精神的色彩，太极用它代表阴阳既"相反"又"相生"的概念，这一黑一白的分割与依存关系是这两种极致色彩的最佳表征。而黑色与白色的搭配作为建筑永恒的表情之一，在中国的历代建筑中也有着许多经典之作，无论是天籁之地的西藏还是烟雨迷蒙的江南都不难发现黑白建筑的踪影。这些建筑不仅仅是地域和场所的意向表征，更是人们精神追求的体现。而华人建筑大家贝聿铭主持设计的苏州博物馆新馆，黑色线条与白色块面完美组合，简洁而有力，从容不迫地将根植于本土文脉的建筑精神发挥极致。

9. 灰色

灰色，高雅内敛，常表现为谦虚、大方、柔和、中庸、平凡、暧昧、消极和颓废等意象。

灰色是设计和绘画中重要的配色元素。浅灰色高雅、精致、明快，深灰色沉稳、内敛、厚重，中灰色朴素、稳定而雅致。灰色与其他有彩色搭配时，它不仅有助于色彩的对比，也能使色调更加柔和、丰富，同时也能使画面产生典雅、含蓄的审美功能。例如，在购物的商业空间环境色彩的设计上应考虑不同功能分区和色调的组合变化，运用色彩的联想特性进行有效的设计。男士用品专柜常以灰色为主，配以偏暖或偏冷的深色相来加强色相对比，以体现男性的阳刚气质。

三、色彩感觉

1. 色彩的冷暖感

红、黄、橙等色相给人的视觉刺激强，使人联想到火热的太阳和燃烧的火焰，因此具有温暖的感觉，所以称为暖色。青色、蓝色使人联想到天空、河流、阴天，感到寒冷，所以称为冷色。在无彩色系中，白色偏冷，黑色偏暖。无论是暖色系还是冷色系，只要加入白色就会偏冷，加黑色后就会偏暖。冬日把窗帘换成暖色，就会增加室内的暖和感。以上的冷暖感觉并非来自物理上的真实温度，而是与我们的视觉经验与心理联想有关。

2. 色彩的兴奋感与沉静感

凡明度高、纯度高的色调又属偏红、橙的暖色系，均有兴奋感。凡明度低、纯度低，又属偏蓝、青的冷色系，具有沉静感。人们在公共娱乐场所时，应感受到欢快、热烈的

色彩氛围，其色调设计不能让人产生压抑、悲哀的情绪。像歌舞厅的色彩组合，就应大胆地采用强对比的手法，多使用跳跃的色彩，以达到使人心境愉悦的目的。

3. 色彩的膨胀感与收缩感

在明度方面，凡色彩明度高的，看起来面积大些，有膨胀感，凡明度低的色彩看起来面积小些，有收缩感。在纯度方面，高纯度的鲜艳色彩有前进感与膨胀感，低纯度的灰浊色有后退感与收缩感。在色彩的冷暖方面，暖色有膨胀感与前进感，冷色有收缩感与后退感。充分利用色彩的物理性能和色彩对人心理的影响，可在一定程度上改善空间效果。例如居室空间过高时，可用暖色，减弱空旷感，提高亲切感。

4. 色彩的轻重感

色彩的轻重感主要取决于色彩的明度，高明度具有轻感，低明度具有重感。白色最轻，黑色最重。高明度基调的配色具有轻感，低明度基调的配色具有重感。

5. 色彩的华丽与质朴感

色彩的华丽与质朴感主要取决于色彩的纯度与明度，鲜艳明亮的高纯度色彩具有华丽感，浑浊灰暗的低明度色彩具有质朴感。有彩色系具有华丽感，无彩色系具有质朴感。暖色系具有华丽感，冷色系具有质朴感。

任务三　色彩的对比与统一

色彩对比是指在设计中色彩的色相、明度、纯度、面积、冷暖等要素之间形成的对比，对比的目的是强调差异性。对不同性质与不同程度的色彩对比效果，都会给予非常明显的和不容忽视的独特影响。实践表明，色彩的任何一种对比效果都会有不同的审美体验，并为其他对比关系所无法替代，这也是色彩对比的魅力所在。

对比反映了形式的内涵丰富性和趣味性。

优秀的建筑造型总是向观者展示丰富的内容及信息，形式表现新颖。缺乏对比变化则不免显出作品的单调之感。

色块的形状变化、面积大小、质感不同、色调差别，色线的长短、粗细、布置的疏与密、正与斜、直与曲、断与续以及色点的位置、聚散、大小等都会取得不同的效果（图 5-9）。

图 5-9　施罗德住宅阳台细部色彩对比

色彩统一是指根据设计目的把两个或两个以上的色彩进行有秩序、协调和谐地组织与调节，统一的目的是强调共性。进行色彩统一方式有改变色彩一方的面积或冷暖面积形成色调；改变色彩的色相、明度、纯度；黑、白、灰、金、银或同一色线加以勾勒等手段。

孤立的色块有时可用色线取得联系。

色块的呼应和穿插可以使部分之间加强联系。

色块组织有序的排列有利于整体的统一。

明确的主从关系具有秩序感。建筑色彩造型中不同类型的色块之间应有主次分明的关系。主次难分或喧宾夺主的现象则容易产生花哨、凌乱之感。

只有统一而缺乏变化，就会显得单调、平淡；只有变化而缺乏一定程度的统一，就会产生过分刺激而不和谐，设计上既要对比中有统一，又要统一中求变化，两者要进行完美结合（图 5-10）。

图 5-10　建筑设计中的色彩对比与统一

任务四 建筑色彩表现

一、建筑色彩表现步骤

（1）起稿、布局，用线条勾勒建筑空间的透视、比例关系。在起稿时，也可先用铅笔来打轮廓，再用钢笔或中性笔来起稿（图5-11）。

图 5-11 马克笔风景写生步骤（一）

（2）进一步刻画空间关系、建筑物细节及明暗关系（图5-12）。

图 5-12 马克笔风景写生步骤（二）

（3）线稿完成后，可以先用灰色系列的马克笔来进行概况性的主要景物之间基本的明暗关系的上色处理，同时根据设计需要，确定出整个画面的色调的关系。马克笔着色时一定要按由浅入深、由灰渐纯，沿着建筑物的受光面与背光面的界面或建筑物的结构界线逐渐从背光部开始着色。线条要流畅，笔触要肯定爽快，规则的形态要用排列整齐的笔触，而有机形态的笔触可以自由随意一些（图5-13）。

图5-13　马克笔风景写生步骤（三）

（4）当画面色调确定后，接下来要深入细部刻画调整主要景物主要特征、结构和暗部，强化空间形态的色彩对比关系，并安排背景，营造虚实关系。同时不要把画面全部填满，一定要留出空间。还有注意画面中整体与局部的关系，其中也包括天空、树木、人物、车辆等配景的调整（图5-14）。

图5-14　马克笔风景写生步骤（四）　曾海鹰

二、建筑色彩表现作品案例（图 5-15～图 5-23）

图 5-15　高层办公楼设计　翟旭

图 5-16　高层办公楼设计　刘洋

图 5-17　宏村小巷　王昌建

图 5-18　景观设计表现　王昌建

图 5-19　石头坊　王礼

图 5-20　马克笔风景写生　王昌建

图 5-21　马克笔手绘表现　张越成

图 5-22 马克笔手绘表现 鲁令梅

图 5-23　马克笔手绘表现　施徐华

知识拓展（建筑大师——弗兰克·劳埃德·赖特）

弗兰克·劳埃德·赖特（Frank Lloyd Wright 1867—1959）

　　弗兰克·劳埃德·赖特是美国的一位最重要的建筑师，在世界上享有盛誉。他设计的许多建筑受到普遍的赞扬，是现代建筑中有价值的瑰宝。他的作品反映了对社会和人们需要的一种本能的关注和对自然和自然材料的追求。赖特相信建筑的设计应该达到人类与环境之间的和谐，"一个建筑应该看起来是从那里成长出来的，并且与周围的环境和谐一致。"一套他称之为"有机建筑"的哲学。有机建筑最佳的实例便是赖特所设计的流水别墅（1935年），曾被称许为"美国史上最伟大的建筑物"。

　　赖特对于传统的重新解释，对于环境因素的重视，对于现代工业化材料的强调，特别是钢筋混凝土和一系列新的技术的采用。为以后的设计家们提供了一个探索的、非学院派和非传统的典范，他的设计方法也成为日后新探索的重要借鉴。

项目六
建筑艺术造型的立体表现

PROJECT SIX

▶ 项目目标

通过该项目的学习，掌握建筑环境模型的设计与制作的技法，提高设计师由平面走向立体空间转换能力、想象能力及丰富的空间概括能力。

▶ 项目相关知识

立体由三维空间组成，是我们生活中最为真实的世界。它的真实性，一方面体现在它不仅有平面上下左右的延伸性，从不同方向去感受立体形态的千姿百态，感受其内部的构造，同时还能感受其真实的材质及重量，另一方面体现在它是某物性质的完整体现。

一、立体观

任何形态的存在都有其内在的联系和规律，只有深入核心才能把握其本质。立体造型研究的核心是形态及形态之间的关系及形态结构及所产生的情感力。

立体造型作为造型艺术的基础，主要是培养人们对立体空间的创造性思维能力和形式美感的控制能力。围绕这个中心，第一，要培养对立体形态的观察力和想象力，学会整体的多面化的思考，并能对复杂的自然形态进行高度的概括和归纳，使之成为具有一定形式美感的新的立体形态。这是一个抽象的过程，也是对形态进行再思考、再创造的过程。第二，立体造型作为基本素质和技能的训练，在学习中对各种材料作一定的了解，并掌握一定的技术是非常重要的。第三，立体造型的训练是为应用构成服务的，因而在学习中，对结构的组合、材料产生的强度以及机能的合理性须加以理性思考。

要从习惯的二维创作思维模式进入三维思考模式，如对一些经典的画作，如《清明上河图》绘画作品进行三维创造，完成从平面空间到立体空间的转换，提高设计师由平面走向立体空间转换能力和想象能力及丰富的空间概括力。

二、建筑模型的作用

在对建筑类设计者来说，建筑模型制作就是一种三维的空间训练的很好方式，把建筑设计形体、空间关系、质地、色彩、光影和对比等的设想在此过程中加以运用、研究、比较与推敲，是提高设计者设计能力的有效途径，其最终目的在于设计者对建筑本身的理解及对建筑本质研究来创造设计更好的建筑作品。建筑模型同时也是一种很好的设计传达形式，能更直观地把设计构思和理念表达出来（图6-1～图6-3）。

图6-1　模型制作　上海睿合建筑模型制作中心

图6-2　模型制作
徐州翔宇建筑模型制作中心

图6-3　模型制作（局部）
徐州翔宇建筑模型制作中心

根据一个完整的商业建筑模型项目流程（图6-4），我们把建筑模型划分为四个作用。

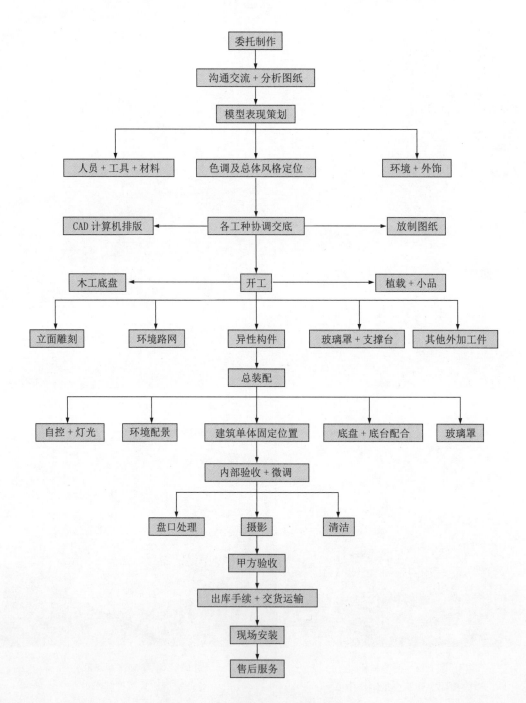

图6-4　建筑模型制作商业基本流程图

1. 完善设计构思

草图和模型都是设计师自由发挥及思路激发的媒介，而模型更接近于设计的实际，使二维设计转化为实体，可以不断修改和推进设计构思，推敲和解决建筑内部和外部出现的造型、结构、体量、色彩和采光等问题，完善设计构思。

2. 表现设计效果

就环境艺术设计而言，仅凭借平面图、立面图、剖视图和效果图，很难全面地向业主充分直观地展现整体的设计创意。建筑模型是一种介于设计图纸和实际室内环境空间的一种形象载体，是设计思想凝固化和形象化的修正、丰富和拓展，特别是建筑模型中声、光、电效果的应用，增强了模型的感染力。一件优秀的模型作品能从各个角度形象直观展示环境氛围、设计创意等设计理念，有利于增进设计者与业主的交流与情感的沟通，在空间上创造一种轻松、自然的气氛，使人产生心理认同感、归属感，有利于双方审核、评价、推敲和解决建筑环境内部的造型、结构和采光等问题，为设计、定案、实施提供了表现设计效果、传达设计理念和交流的最佳平台。

3. 指导施工

在实际的建筑设计施工中，有的建筑结构比较复杂，为了使施工人员能正确理解设计师设计意图，往往采用模型来展示建筑较复杂的结构部位，指导施工。

4. 展示宣传

建筑模型也是业主进行设计的展示、宣传和销售的有效手段，其构思设计新颖、制作工艺精湛，能进一步吸引和激发观众的审美心理和消费心理。

任务一　建筑内环境模型表现

室内环境模型研究的是内部空间的布局、界面的处理、材料的运用、质感的效果、家具的布置、装饰品的摆设、气氛的创造等要素的研究与探讨。

模型制作是艰辛的艺术制作过程，整个过程反映了设计者和模型制作者的素质，反映了他们对材料和工艺知识的掌握程度以及艺术审美的把握。

下面主要以室内环境模型为例进行制作步骤的分析。

一、资料解读

对于模型制作者来说，首先要对建筑施工图纸常用的图例、符号必须熟练掌握，必须具有分析、图解能力（图6-5）。

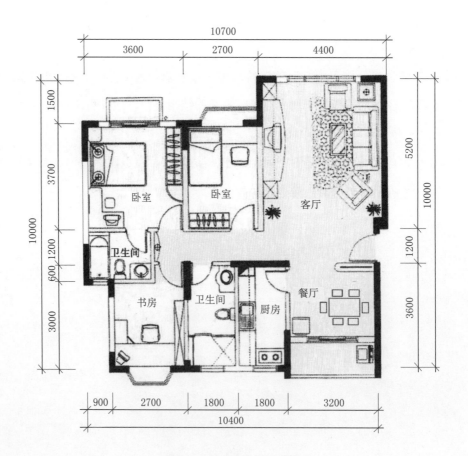

图6-5　住宅建筑的平面图

如住宅建筑平面图，是表示房屋的平面布置，它是模型制作的重要依据。住宅建筑平面图是按一定比例绘制的住宅建筑的水平剖面图，是了解住宅平面状、方位、朝向和住宅内部房间、楼梯、走道、门窗、固定设备的空间位置的重要依据。

二、模型选材

在模型制作中，模型制作者应根据制作模型的目的，运用艺术想象规律去发现适合于制作模型所需的各种材料，合理、巧妙地使用各种材料，以达到简洁、生动、逼真的艺术效果。

材料的种类很多，各种材料的材质、性能、形状会给人的视觉心理上产生不同的感受。随着科学技术的发展，新的材料还在不断出现，丰富的材料也带来了丰富的信息，同时新材料的产生必然导致新形式、新工具和新工艺的出现。因此学习模型制作过程中，一定要注意学习与掌握材料与加工工艺等有关的知识技能和发展动向。

室内环境模型作业制作过程中常用的材料有：

1. PVC 板

它是一般制作墙体的主要材料（厚度一般为 4～5mm），薄 PVC 板（厚度 2mm）一般制作家具与陈设模型。材料优点：适用范围广，材质挺括、细腻，易加工，着色力，可塑性强。

2. 模型板

它也是制作墙体的主要材料，该材料优点：适用范围广，品种、规格、色彩多样，易折叠、切割，加工方便，表现力强。

3. 有机玻璃

有机玻璃分为透明板和不透明板两类（厚度一般为 4～5mm）。透明板一般用于制作室内环境模型玻璃和采光部分，不透明板主要用于制作室内环境模型的主体部分。材料优点：质地细腻，可塑性强，通过热加工可以制作各种曲面、弧面和球面的造型。

4. 贴纸

门窗材料选用的是樱桃木贴纸，木贴纸具有多种木材纹理，可以用于室内环境模型外层处理。材料优点：材质细腻、挺括，纹理清晰，极富自然表现力，加工方便。

为了达到某种效果，也可以选用一些 ABS 板、有色吹塑纸、瓦楞纸、泡塑等作为辅助材料。选材要结合形态的实际制作，充分发挥各种材质的性能特征，体现材料与质感之美，或体现时尚精致，或古朴凝重。

三、模型放样

加工制作前，应先把平面图放样。放样应该尊重设计意图，尊重客观实际比例进行。放样前认真查阅图纸，准确计算，精心放样，确保测量结果准确无误。

具体操作中，遵循"由整体到局部"的原则，借助直尺、角尺、圆规等工具，精确地把拷贝放大（平面图放大也可以用计算机或复印机）放样在材料上。如果要制作多件同样形状的模型单部件，可以先制作一个样板（样板可以选用厚纸、硬质纤维板等），然后依照样板依次放样，放样时可巧妙地移动样板安排位置，尽可能减少板材上的多余空白，以节省模型材料，还可简化放样程序和时间（图6-6）。

图6-6 平面图放样

四、模型切割

工欲善其事，必先利其器。每一个细小的差别往往都能折射出模型制作者不同的修养品位，因此模型制作时要有耐心，要有匠心。

PVC板与模型板可以直接用美工刀切割加工，反面也可以作为钩刀使用，用于切割有机玻璃。注意要保持刀刃的锋利，钝的刀刃会拉伤板材的表面，切割过程中还要注意安全。遇到厚板材切割时，在重复切割时，一方面要注意入刀角度要保持垂直，防止切口出现梯面或斜面。另一方面要注意切割力度，切割用力要均匀，防止在切割时跑刀。切割时需要留有一些部件外边的切割空隙，这样可以防止切割时损害到部件。

在模型制作加工过程中，计算机雕刻机是设计者很好的工具，特别在模型设计或制作要求比较精细时最为突出。作为新兴的生产工具，它以高速度、高效率和制作精确、流畅的特点优势为模型设计与制作开辟了广阔的前景，充分应用计算机技术已经成为模型设计发展的趋势。

计算机雕刻机有相关的专业软件，其自带软件支持 BMP、JPG、GIF、PLT 等文件格式的输出。雕刻机的使用首先把图形和文字等电子版图形文件在电脑中设置加工参数后，生成按照加工方式、材料种类、厚度等进行分类的图形板块，选择不同种类的刀具，建立加工路线文件，建立指令完成雕刻和工作（图 6-7 ）。

图 6-7　计算机雕刻室内地板效果

五、模型组装

模型加工完毕后，接着就是模型组装了。模型组装就是将已加工好的各部分墙体模型材料结合在一起，使之成为一个整体。在粘结有机玻璃时，一般选用氯仿作为胶粘剂。在初次粘结时，应先采用点粘后进行定位，然后进行观察接缝是否严密及粘结面与面、边与边之间与其他构件间是否合乎要求，必要时可以进行测量调整，最后在确认无误后在进行加固粘结。

六、模型修整

当模型组合好后，模型表面会有许多夹缝或较大的划痕，这样会严重影响模型的外观，所以必须要对模型夹缝或较大的划痕进行修整。模型修整一般包括填补、打磨等程序。

腻子可以用来填补模型夹缝的一种填料，也可以选择与所填补材料色彩接近的浓稠广告色加自喷漆进行搅拌，使之成为与糊状作为填料。使用时用适当的工具，例如一把画油画用的刮刀，沾取适量抹在需填补的接合线上或凹处，抹的时候要施加一定的压力，将腻子填满凹处的每一角落。用刮刀将腻子塞到缝中，去掉多余部分，并且使缝隙保持平滑。腻子完全干燥硬化后体积会缩小一点，就要及时补充，使腻子有足够体积应付打磨需要。

等腻子完全干后就可以进行打磨了。先用锉刀锉，再改换砂纸打磨，这样可以使打磨更加平整精细。砂纸开始使用粗糙等级的砂纸而在最后使用细致等级的砂纸。使用细致等级的砂纸时最好沾一点水来打磨，这样表面会更平滑。有时腻子会填盖模型的凹线，这时可在补腻子未干时用刻刀或牙签刻出凹线。

七、模型上色

室内环境模型是通过造型进行视觉传达的一种形式，色彩具有诱目性，是一种最富表情和感情含量的语言。色彩运用的好坏，在其视觉与心理上能产生明显的差异。好的色彩设计，能提高观众的注意力与亲和力，提升模型的视觉艺术魅力。现代光学的迅速发展，使色彩美冲破了传统的概念与感觉，程控闪动、光导纤维、光学动感画、发光二极管、霓虹灯、彩色灯等新型电光源在模型中的应用，不但使环境模型的面貌为之一新，而且给现代模型的发展提供了很大的发展空间。总之，富有表现力的色光使模型色彩更绚丽多姿、更具审美性、科技含量更高。

在模型制作中，有很多地方是利用材料的本色进行制作，如窗户玻璃、木质构件等。但在原材料不能满足模型制作要求时，只能利用上色表现改变原材料的色彩才能使人感受到感染力，创造出完美的视觉效果。

喷漆时，在不需喷漆的地方要用胶带纸粘盖起来，喷完漆等其干燥后再把胶带纸揭掉（图6-8）。

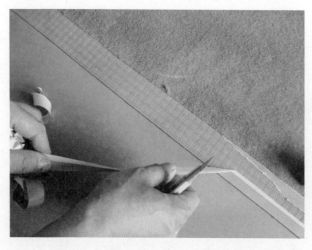

图6-8　喷完漆等其干燥后把胶带纸揭掉

八、底盘制作

室内环境模型底盘是室内环境模型最基本的支持部件，它的大小、材质、风格直接影响室内环境模型的最终效果。底盘的尺寸由标题的摆放和内容以及模型主体量来决定。因为一切模型构件都要建立在底盘之上，所以底盘模型要具有牢固、不变形、不开裂，轻便易搬运的特点。底盘的材料要选择材质好，具有一定强度的材料制作，其坚固性很重要。

当底盘制作好后，要在四周镶上边框，主要为了美观与加固（图6-9和图6-10）。

图6-9　木质边框

图6-10　金属边框

最后制作模型底盘底托，主要为了支撑底盘模型的摆放。

室内环境模型底盘制作可配合道路、建筑配景、绿化来考虑，既要形成一种统一的风格，又不能破坏与主体之间的关系。目前绿地草坪的制作材料有仿真草坪纸，纤维粘胶草绒粉，锯末粉染色等。

九、家具与陈设制作

室内家具与陈设模型作为室内环境模型中的重要组成部分，在许多优秀的室内环境模型中，家具与陈设品造型、色彩和质地的制作往往是营造气氛的点睛之笔。

家具、陈设模型的弯曲成形制作一般采用热加工制作法，热加工制作法是利用材料的物理耐温特性，通过加热、定形产生物体形态的加工制作方法。这种制作方法适用于有机玻璃板和塑料类材料并具有特定要求构件的加工制作。要把这些材料弯曲成形，一般先将材料放在微波炉、电烤箱烤或用热水浸烫，也可以用高温电吹风机进行加热软化，有机玻璃一般加热至 80 ~ 100℃左右，PVC 板一般加热至 100 ~ 120℃左右。

ABS 板材的曲面成形方法：

首先在电炉上加热，加热时需要一个夹具固定或撑住使其软化变形，然后将软化后的 ABS 板材放置在所需形状的模具上，待稍微冷却定型后从模具中取出，最后修整加工制作出符合设计要求的模型。有的模型可将塑料板加温进行冲压定形。

室内家具与陈设模型制作要反复观摩、推敲分析、不断修改来求得最佳效果。学会整体的多面化思考，并能对复杂的形态进行高度的概括和归纳，使模型成为具有一定形式美感的造型作品。

十、配景制作

模型制作中，配景制作可起到丰富、点缀环境、说明、指示等作用，它与周围环境有一种不可分割的联系，并与环境形成一种特定的氛围。配景制作包括很多因素，如草地、树木、人物、车辆、灯柱、标题牌、指北针、比例尺等。市面有很多专为模型而设计的配景摆设，十分精美，款式极多，但比较贵。

1. 树木

室内环境模型底树木制作，在造型上，要源于大自然中的树，在表现上，要高度概括。一般普通树的制作方法：按所需比例要求，裁取多股铁丝或多股铜丝，将多股线拧紧，把上部枝杈部位劈开，按照树的形状姿态拧好，然后对树干着色，待干燥后把树杈部分粘上胶水，撒上海绵或草绒粉，喷上自喷漆即可。

2. 水面

在室内环境模型底盘模型中，水面是经常出现的配景之一，作为水面的表现方式和方法，水面应略低于地平面，在制作比例尺寸较小的水面时，我们可将水面与路面的高度忽略不计，把蓝色塑料写字垫板剪成水面形状尺寸，喷上蓝色自喷漆或粘上双面胶直接粘贴在所需安放位置即可。

3. 山地

室内环境模型底盘模型制作时，山坡制作目前一般采用层叠法和石膏制作两种方式。

层叠法制作比较简单而且比较常用，它根据比例尺寸选择层叠板的厚度，按照等高线形状裁下所需材料，相叠而成。石膏法是采用石膏粉加水搅拌后在底盘上做成高低不平的山坡，待干燥后用沙纸打磨修整上色即可。

4. 标题牌

标题牌的内容一般包括模型户型说明、比例说明、制作公司介绍等内容，文字要简洁，大小要适度，制作要求精美，一般使用铝塑板用电脑雕刻机将金属层刻除加工制作而成。

十一、布盘

布盘即对陈设品及配景等模型部件进行定位。布盘要讲究形式美感，从内容、色彩到造型要分组分类，大小比例搭配适当，间隔空间要疏密有致。

在布盘时，注意形式美法则的运用，诸如对称、平衡、节奏、韵律、对比、调和与尺度等，模型的色彩既要明快、丰富，又要和谐统一。

布盘设计要点即其评分标准：

（1）形态要美观；

（2）风格要明确；

（3）色彩要和谐；

（4）重点要突出；

（5）比例要准确；

（6）做工要精细。

模型制作学习建议：

（1）认真对待模型里的每个单独部件，如果对某些地方不满意就修改。并且力求完美，每个单独部件就好像一个机器中的每个零部件的作用一样，合乎要求的部件才能组成相对完美的模型。

（2）要善于发现新的材料和学习新的制作设备与工艺技巧求得最佳效果。

（3）做模型要有热情，要持之以恒，在制作中遇到的绝大多数的困难都是可以克服的。

（4）在废旧模型上花些空余时间来练习你的弱项，提高对制作设备、加工手段的熟练程度和技术水平。

（5）多阅读模型制作的文章，提高理论知识水平。

十一、室内环境模型作品案例（图 6-11～图 6-15）

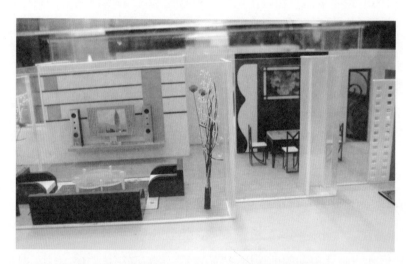

图 6-11　模型制作　徐州翔宇建筑模型制作中心 1

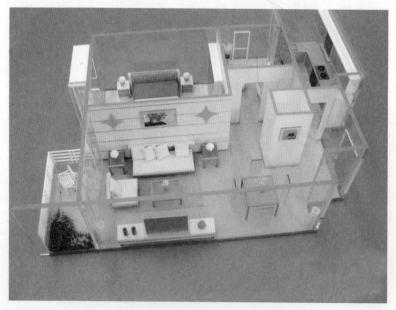

图 6-12　模型制作　徐州翔宇建筑模型制作中心 2

图 6-13　模型制作　徐州翔宇建筑模型制作中心 3

图 6-14　模型制作　徐州翔宇建筑模型制作中心 4

图 6-15　模型制作　上海睿合建筑模型制作中心

任务二　建筑外环境模型表现

建筑单体模型探讨的是建筑单体与周围环境的关系、建筑物本身各部分的比例关系等，强调的是外部立面效果与体积效果。

城市规划模型是研究建筑群体之间的关系，探讨建筑与道路、建筑与景观等之间的关系，因此在制作中常常把建筑物简化成简单的几何体块，设计者研究的是不同体块之间以及不同体块组成的空间之间的相互关系。

园林景观模型更加突出绿化和景观的处理，在于各种植物种类和色彩的和谐配置，主题建筑处于主景地位，往往是园林的标志，需重点刻画其特征。

建筑外环境模型表现，如图6-16～图6-19所示。

图6-16　模型制作　上海睿合建筑模型制作中心2

图6-17　模型制作　褚海峰 黄鸣放

图 6-18 模型制作 上海睿合建筑模型制作中心 3

图 6-19 模型制作 上海睿合建筑模型制作中心 4

知识拓展（建筑大师——勒·柯布西耶）

勒·柯布西耶（Le Corbusier 1887—1965）

勒·柯布西耶，1887 年出生于瑞士，1917 年定居法国巴黎，是现代主义建筑的主要倡导者和机器美学的重要奠基人，他和瓦尔特·格罗皮乌斯、密斯·凡·德罗、弗兰克·劳埃德·赖特并称为现代建筑四位大师。

1923 年出版了他的名作《走向新建筑》，书中提出了住宅是"居住的机器"，赞美简单的几何形体。

1926 年提出了新建筑的 5 个特点：①房屋底层采用独立支柱；②屋顶花园；③自由平面；④横向长窗；⑤自由的立面。

他的革新思想和独特见解是对学院派建筑思想的有力冲击。这个时期的代表作是萨伏伊别墅（1928 － 1930）、巴黎瑞士学生公寓、平台别墅等作品。

第二次世界大战后，他的建筑风格有了明显变化，其特征表现在对自由的有机形式的探索和对材料的表现，尤其喜欢表现脱模后不加装修的清水钢筋混凝土，这种风格后被命名为粗野主义（或新粗野主义），代表作品有马塞公寓、朗香教堂、昌迪加尔法院等。

勒·柯布西耶又是一个城市规划专家，他从事了大量城市规划的研究和设计，代表作品有印度昌迪加尔规划等。

[1] 冯阳. 设计透视 [M]. 上海：上海人民美术出版社，2009.

[2] 杨翼，汤池明. 设计表达 [M]. 武汉：武汉理工大学出版社，2009.

[3] 于修国. 建筑素描表现与创意 [M]. 北京：北京大学出版社，2009.

[4] 郑灵燕，卿笑天. 基础素描 [M]. 北京：中国水利水电出版社，2011.

[5] 黄健. 基础设计的创意与表现 [M]. 北京：中国纺织出版社，2009.

[6] 张艳. 空间构成 [M]. 西安：西安交通大学出版社，2011.

[7] 荆子洋. 天津大学建筑学院——快速建筑设计 80 例 [M]. 南京：江苏科学技术出版社，2009.

[8] 陈晓蕙. 设计色彩 [M]. 杭州：浙江人民美术出版社，2005.

[9] [德] 约翰内斯·默勒. 建筑方案手绘表现 [M]. 孙晶译. 北京：中国电力出版社，2005.

[10] [德] 迪特尔·普林茨. 建筑思维的草图表达 [M]. 赵巍岩译. 上海：上海人民美术出版社，
     2012.

[11] 罗文媛. 建筑的色彩造型 [M]. 北京：中国建筑工业出版社，1995.

[12] 王力强，文红. 平面·色彩构成 [M]. 重庆：重庆大学出版社，2002.

[13] [美] Rendow Yee. 建筑绘画——绘图类型与方式图解 [M]. 陆卫东，汪翔，申湘，
     等译. 北京：中国建筑工业出版社，1999.

[14] 熊明. 再议建筑的原创性 [J]. 北京：建筑创作，2003，6.

[15] 王昌建，刘辉. 马克笔风景写生技法与表现 [M]. 北京：中国电力出版社，2009.

[16] 孙元山，姜长杰，孙龙. 建筑与室内透视图表现基础 [M]. 沈阳：辽宁美术出版社，2008.

[17] 胡望社，许再华，寇佳. 屋宇之美 [M]. 北京：解放军出版社，2012.

[18] [法] Gilles RONIN. 景观设计与表达——透视绘画技法 [M]. 阮名铭，周路译. 北京：
     人民邮电出版社，2012.

[19] 顾馥保. 建筑形态构成 [M]. 武汉：华中科技大学出版社，2010.

[20] 褚海峰，黄鸿放，崔丽丽. 环境艺术模型制作 [M]. 合肥：合肥工业大学出版社，2007.

中国建材工业出版社
China Building Materials Press

我们提供

图书出版、图书广告宣传、企业/个人定向出版、设计业务、企业内刊等外包、代选代购图书、团体用书、会议、培训，其他深度合作等优质高效服务。

编辑部	图书广告	出版咨询	图书销售	设计业务
010-88364778	010-68361706	010-68343948	010-68001605	010-88376510转1008

邮箱：jccbs-zbs@163.com   网址：www.jccbs.com.cn

发展出版传媒　　服务经济建设

传播科技进步　　满足社会需求